Fachwissen Technische Akustik

Diese Reihe behandelt die physikalischen und physiologischen Grundlagen der Technischen Akustik, Probleme der Maschinen- und Raumakustik sowie die akustische Messtechnik. Vorgestellt werden die in der Technischen Akustik nutzbaren numerischen Methoden einschließlich der Normen und Richtlinien, die bei der täglichen Arbeit auf diesen Gebieten benötigt werden.

Gerhard Müller • Michael Möser

Herausgeber

Städtebaulicher Schallschutz

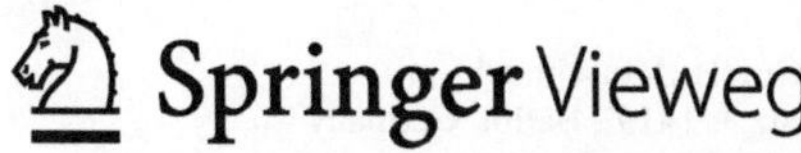

Herausgeber
Gerhard Müller
Lehrstuhl für Baumechanik
Technische Universität München
München, Deutschland

Michael Möser
Institut für Technische Akustik
Technische Universität Berlin
Berlin, Deutschland

Fachwissen Technische Akustik
ISBN 978-3-662-55439-5   ISBN 978-3-662-55440-1 (eBook)
DOI 10.1007/978-3-662-55440-1

Die Deutsche Nationalbibliothek verzeichnet diese Publikation in der Deutschen Nationalbibliografie; detaillierte bibliografische Daten sind im Internet über http://dnb.d-nb.de abrufbar.

Springer Vieweg
© Springer-Verlag GmbH Deutschland 2017
Dieser Beitrag wurde zuerst veröffentlicht in: G. Müller, M. Möser (Hrsg.), Taschenbuch der Technischen Akustik, Springer Nachschlagewissen, Springer-Verlag Berlin Heidelberg 2015, DOI 10.1007/978-3-662-43966-1_21-1

Gedruckt auf säurefreiem und chlorfrei gebleichtem Papier

Springer Vieweg ist Teil von Springer Nature
Die eingetragene Gesellschaft ist Springer-Verlag GmbH Deutschland
Die Anschrift der Gesellschaft ist: Heidelberger Platz 3, 14197 Berlin, Germany

Inhaltsverzeichnis

Autorenverzeichnis

Michael Jäcker-Cüppers Berlin, Deutschland

Städtebaulicher Schallschutz

Michael Jäcker-Cüppers

Zusammenfassung

Die städtischen Geräuschquellen führen zu hohen Beeinträchtigungen der Bevölkerung. Städtischer Lärm belästigt und stört, bringt aber auch gesundheitliche Risiken mit sich. Die Minderung dieser Beeinträchtigungen ist deshalb dringend geboten.

Im Beitrag werden die Beeinträchtigungen durch Umgebungslärm dargestellt und aus den Lärmwirkungen Zielwerte für den Lärmschutz abgeleitet. Die Methodik des städtebaulichen Lärmschutzes wird erläutert. Das aktuell gültige Immissionsschutzrecht wird beschrieben und bewertet. Für den Straßenverkehrslärm als relevanteste Quelle werden Instrumente und Maßnahmen zur Minderung vorgestellt.

1 Einleitung

Der Lärm gehört zu den gravierendsten Umweltbeeinträchtigungen im städtischen Wohnumfeld, der Straßenverkehr ist dabei die störendste Lärmquelle. Der Abbau dieser Beeinträchtigungen und die Vorsorge gegen neue Geräuschbelastungen ist eine wichtige kommunale Aufgabe. Allerdings liegen viele potentielle Lärmminderungsmaßnahmen außerhalb der kommunalen Zuständigkeit. Geräuschvorschriften für Quellen wie Straßen- und Schienenfahrzeuge oder im Freien betriebene Maschinen werden heute von der Europäischen Union erlassen und fortgeschrieben, für Flugzeuge ist die Internationale zivile Luftfahrtorganisation ICAO zuständig. Immissionsgrenzwerte für neue oder wesentlich geänderte Verkehrswege sind bundesrechtlich festgelegt. Die europäische Richtlinie über die Bewertung und Bekämpfung des Umgebungslärms von 2002 (ULR [1], siehe Box) hat zudem ein einheitliches Konzept für die Lärmbekämpfung in den europäischen Kommunen vorgegeben, das für den städtebaulichen Lärmschutz von zentraler Bedeutung geworden ist.

Wirksame kommunale Lärmbekämpfung ist deshalb mit den Vorgaben und Strategien von Akteuren in EU, Bund und Ländern abzustimmen.

Wichtigstes Handlungsfeld im kommunalen Lärmschutz sind die hochbelasteten Verkehrswege. Zur Vermeidung von Gesundheitsrisiken durch Lärm sind hier kurzfristig Minderungen

M. Jäcker-Cüppers (✉)
Berlin, Deutschland
E-Mail: jaecker.cueppers@t-online.de

G. Müller, M. Möser (Hrsg.), *Städtebaulicher Schallschutz*, Fachwissen Technische Akustik,
DOI 10.1007/978-3-662-55440-1_21

1

erforderlich, die in der Regel nur durch eine Kombination von Maßnahmen zu erreichen sind, die in die Zuständigkeit verschiedener Akteure fallen. Aus diesem Grunde sind umfassende und abgestimmte Konzepte notwendig.

Der Schwerpunkt der folgenden Darstellung liegt auf der Minderung des Straßenverkehrslärms, der von allen Quellen am meisten beeinträchtigt.

2 Beeinträchtigungen durch Lärm im Wohnumfeld

Lärm belastet die Menschen in ihrem Wohnumwelt noch vor der allgemeinen Umweltverschmutzung am meisten [2]. Jüngste Umfrageergebnisse zum Umweltbewusstsein in Deutschland aus dem Jahr 2012 zeigen, dass im Wohnumfeld von allen Geräuschquellen der *Straßenverkehrslärm* als gravierendste Belästigung empfunden wird. Nur 46 % der Befragten geben an, nicht gestört oder belästigt zu werden, stark gestört und belästigt fühlen sich 6 %. Lärm von Nachbarn ist die

Box EU-Richtlinie zum Umgebungslärm
Die **Europäische Union** (EU) hat im Juni 2002 eine Richtlinie des Rates und des Parlamentes verabschiedet, mit der die Erfassung, Bewertung und Minderung des Umgebungslärms in der EU harmonisiert wird [1]. Die Richtlinie wurde 2005 durch Änderung des Bundes-Immissionsschutzgesetzes [3], den Erlass der Verordnung über die Lärmkartierung [4] und den Erlass vorläufiger Berechnungsvorschriften ([5–8]) in nationales Recht transponiert. Dies wird langfristig auch erhebliche Auswirkungen auf die deutschen Berechnungsverfahren haben, da sie sich von den harmonisierten Regelwerken in den akustischen Kenngrößen, den Emissionsannahmen und im Ausbreitungsmodell unterscheiden. Als akustische Indikatoren zur Beschreibung der Immissionen hat die Richtlinie für die Nacht von 8 Stunden den Mittelungspegel L_{night}

und für den 24-Stunden-Tag den gewichteten Ganztagespegel L_{den} eingeführt. Der L_{den} ist die energetische Addition des Tagesmittelungspegels L_d (12 Stunden), des um 5 dB(A) erhöhten Abendmittelungspegels L_e (4 Stunden) und des um 10 dB(A) erhöhten Nachtmittelungspegels $L_n = L_{night}$. Die Mali für den Abend und die Nacht sollen die erhöhte Störwirkung von Geräuschen für diese Tagesabschnitte widerspiegeln.

Im deutschen Lärmschutzrecht für die Vorsorge und Sanierung wird der Beurteilungspegel Lr verwandt, der dem um wirkungsbezogene Zu- oder Abschläge korrigierten Mittelungspegel entspricht. Z. B. ist der Beurteilungspegel für die Eisenbahnen des Bundes noch bis Ende 2014 der um 5 dB(A) verringerte Mittelungspegel (Abzug des so genannten „Schienenbonus"). Die nach deutschem Recht ermittelten Mittelungspegel basieren auf der meteorologischen Situation des „Mitwinds", während die EU-Richtlinie zum Umgebungslärm eine durchschnittliche meteorologische Situation voraussetzt. Die ermittelten Immissionspegel unterscheiden sich deshalb, was die Kommunikation mit den betroffenen Bürgerinnen und Bürger erschwert.

Die Richtlinie schreibt vor, dass die Belastung der europäischen Bevölkerung in so genannten *„strategischen Lärmkarten"* („Karten zur Gesamtbewertung der auf verschiedene Lärmquellen zurückzuführenden Lärmbelastung in einem bestimmten Gebiet oder für die Gesamtprognosen für ein solches Gebiet") für Ballungsräume, Hauptverkehrsstraßen, Haupteisenbahnlinien und Großflughäfen ermittelt wird. Der Zeitplan sieht folgende Schritte vor:

- *Stufe 1*: Bis zum 30. Juni 2007 waren strategische Lärmkarten zu erstellen:
  - für Ballungszentren mit mehr als 250.000 Bewohnern

(Fortsetzung)

- Straßen mit mehr als 6.000.000 Kraftfahrzeugen pro Jahr
- Schienenwege mit mehr als 60.000 Zügen pro Jahr
- Flughäfen mit mehr als 50.000 Bewegungen pro Jahr
- *Stufe 2:* Bis zum 30. Juni 2012 waren strategische Lärmkarten zu erstellen:
  - für Ballungszentren mit mehr als 100.000 Bewohnern
  - Straßen mit mehr als 3.000.000 Kraftfahrzeugen pro Jahr
  - Schienenwege mit mehr als 30.000 Zügen pro Jahr
- *Weitere Stufen* folgen jeweils 5 Jahr später.

Liegen für die kartierten Bereiche Lärmprobleme vor, sind *Aktionspläne* zur Lösung dieser Probleme auszuarbeiten. Es gilt ein entsprechender Zeitplan:

- *Stufe 1*: Bis zum 30. Juni 2007
- *Stufe 2:* Bis zum 30. Juni 2012
- *Weitere Stufen* folgen jeweils 5 Jahr später.

Die Richtlinie definiert im Unterschied zu den Richtlinien zur Luftreinhaltung nicht, ab wann schädliche Umweltauswirkungen durch Geräusche vorliegen, die einen Aktionsplan erforderlich machen. Diese Definition obliegt den Mitgliedsstaaten. In Deutschland wird diese Definition den zuständigen Behörden überlassen.

zweitwichtigste Quelle, gefolgt von Schienenverkehr-, Industrie-/Gewerbe- und Flugverkehr [9], Abb. 1.

Seit 2000 haben die Belästigungen bei der Straße und dem Flugverkehr im linearen Trend leicht abgenommen, für alle anderen Quellen ist eine Zunahme zu verzeichnen.

Auch die ermittelten Geräuschbelastungen der Bevölkerung in Deutschland zeigen die Dominanz des Straßenverkehrs. Dazu liegen zwei wichtige Datenquellen vor:

- Die Berechnung der Belastung der Bevölkerung in den alten Bundesländern durch Straßen- und Schienenverkehrslärm in den Jahren 1999 bzw. 1997 (Mittelungspegel außen in dB(A)) durch das Umweltbundesamt [10] („UBA-Lärmbelastungsmodell"). Die Gesamtbelastung in Deutschland wird durch Hochrechnung von Belastungsdaten repräsentativer Gemeinden ermittelt, für die die Immissionen bestimmt worden sind. Das zu Beginn der 80er-Jahre entstandene Rechenmodell war aus methodischen Gründen auf den Straßen-, Schienen, Bau- und Gewerbelärm in den alten Bundesländern beschränkt.

  Eine Analyse dieser Daten zeigt, dass 15,6 % der Bevölkerung 1999 hohen Belastungen über 65 dB(A) tags durch den Straßenverkehrs ausgesetzt waren (nachts entsprechend 16,5 % über 55 dB(A)), die zum größten Teil an innerstädtischen Hauptverkehrs- und Verkehrsstraßen (69 % der Hochbelasteten) wohnen; ein Viertel von ihnen wohnt an Nebenstraßen und 6 % an Bundesautobahnen [11]. Die Berechnungen des Umweltbundesamts sind nach wie vor die einzige flächendeckende Bestimmung der Belastungen in Deutschland.
- Ermittlung der Belastungen gemäß der Richtlinie zum Umgebungslärm (ULR [1] siehe Box)) in den Jahren 2007 und 2012 für die Quellen Straße, Schiene, Luftverkehr, Industrie und Gewerbe:

  Die Belastungen werden für die Nacht (L_{night}) und für den 24-Stunden-Tag (gewichteter Ganztagespegel L_{den}) dargestellt. Die Bestimmung wird nicht flächendeckend, sondern nur für größere Ballungsräume und hoch belastete Verkehrswege und Flughäfen durchgeführt. Abb. 2 zeigt die Belastungen für die Straße 2007 und 2012 (mit vergrößertem Kartierungsumfang) und die Schiene

(Fortsetzung)

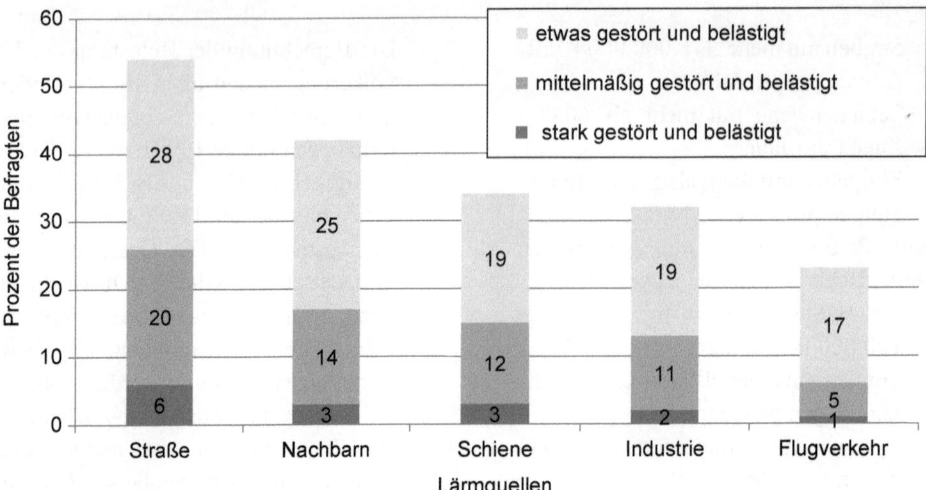

Abb. 1 Belästigung bzw. Störung durch verschiedene Lärmquellen im Wohnumfeld in Deutschland 2012: Angaben in Prozent der Befragten. (Quelle: Umweltbundesamt [9])

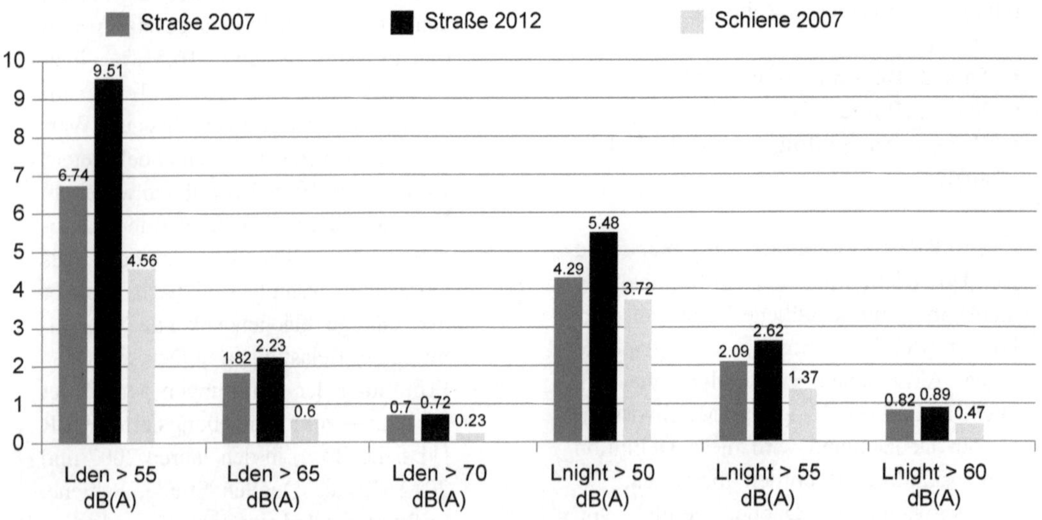

Abb. 2 Kumulierte Geräuschbelastungen in Deutschland nach der Richtlinie zum Umgebungslärm für Straßen und Schienenwege. (Quelle: Umweltbundesamt)

2007 (Ballungsräume und Hauptverkehrswege). Die Bestimmung der Daten für die Schiene 2012 hat sich stark verzögert und wird erst Anfang Dezember 2014 vorliegen. Im Vergleich mit den Zahlen des UBA-Lärmbelastungsmodells sind die Belastungen deutlich niedriger, was zum Einen am unterschiedlichen Umfang der betrachteten

(Fortsetzung)

Belastungssituationen, zum Anderen an der abweichenden Zuordnung der betroffenen Wohnbevölkerung zu den Fassadenpegeln liegt.

Der Blick auf die sehr hohen Belastungen zeigt im Detail, dass im Straßennetz Immissionen (Mittelungspegel) bis zu 80 dB(A) am Tage und 75 dB(A) in der Nacht auftreten. An Schienenwegen erreichen die nächtliche Belastungen 80 dB(A). Der Vergleich dieser Zahlen mit den in Abschn. 3.1 genannten Zielwerten der Lärmbekämpfung verdeutlicht das hohe Ausmaß notwendiger Pegelminderungen.

3 Grundsätze des städtebaulichen Lärmschutzes

3.1 Lärmwirkungen und Ziele des städtebaulichen Lärmschutzes

Folgen der Geräuschbelastungen werden im Rahmen der Lärmwirkungsforschung ermittelt. Als Belastungskenngröße wird im Allgemeinen der Mittelungspegel gewählt, der außen vor den Wohnungen der Betroffenen herrscht. Zusätzliche Kenngrößen wie der Maximalwert kurzzeitiger Geräuschspitzen, z. B. bei der Vorbeifahrt von lauten Kraftfahrzeugen oder Schienenfahrzeugen sind insbesondere bei Schlafstörungen relevant und werden bislang nur bei den Immissionen des Flugverkehrs, des Gewerbes [12] und von Sportanlagen berücksichtigt.Für die Belange des städtebaulichen Lärmschutzes werden gesundheitliche, psychische und soziale Wirkungen des Lärms unterschieden.

Gesundheitliche[1] Wirkungen bestehen vor allem in der Erhöhung der Risiken für Herz-Kreislauf-Erkrankungen (Herzinfarkte, Bluthoch-

druck, Schlaganfälle). Epidemiologische Studien (z. B. [13, 14]) zum Zusammenhang zwischen Straßenverkehrslärm und Herzinfarkt zeigen eine konsistente Tendenz zu Risikoerhöhungen bei Belastungen über 65 dB(A) (Mittelungspegel L_m tags, außerhalb der Wohnungen). Bei StraßenverkehrsGeräuschbelastungen tags oberhalb von $L_m = 65$ dB(A) ist eine Zunahme des Herzinfarktrisikos um ca. 20 % zu befürchten.

Schlafstörungen können ebenfalls gesundheitsgefährdende Ausmaße annehmen, sie bestehen in der Änderung der Schlaftiefe mit und ohne Aufwachen, dem Erschweren des Einschlafens, der Verkürzung der Tiefschlafzeit und in vegetativen Reaktionen (Hormonausschüttung etc). Bei Mittelungspegeln unter 25 dB(A) in den Schlafräumen sind keine nennenswerten Störungen zu erwarten, bei Mittelungspegeln nicht über 30 dB (A) und bei Einzelpegel nicht über 45 dB (A) können lärmbedingte Schlafstörungen weitgehend vermieden werden. Die zugeordneten Außenpegel sind etwa 15 dB(A) höher, wenn die Möglichkeit des Schlafens bei gekippten oder angelehnten Fenstern gefordert wird.

Psychische Wirkungen bestehen vor allem in der Beeinträchtigung der Erholung und Entspannung, der Kommunikation sowie in Leistungsminderungen. Belästigungen können hier bei Pegeln am Tage unter 50 dB(A) außen und 35 dB(A) innen vermieden werden. Oberhalb von Außenpegeln von 55 dB(A) am Tag ist mit erheblichen Störungen zu rechnen.

Soziale Lärmwirkungen sind z. B. die Einschränkung der Aktivitäten im Wohnbereich (Einschränkung der Kommunikation bei Notwendigkeit lauter Sprechweise, Verzicht auf Nutzung von Balkonen, Terrassen, Gärten) und die Veränderung der Sozialstruktur. Die Untersuchung der Städte München [15] und Köln [16] zu den Gründen für die Abwanderungen ihrer Bewohner zeigen, dass die Geräuschbelastung zu den wichtigsten Umzugsgründen gehört.

Innerstädtischer Lärm trägt somit zur Stadtrandsiedlung insbesondere von mobilen, einkommensstarken Haushalten bei.

Miet- und Eigenheimpreise werden zudem durch Lärm gemindert. Die Mietpreisreduktion pro dB(A) beträgt zwischen 0,5 bis 2,0 % für

---

[1]Folgt man dem Gesundheitsbegriff der WHO (Zustand völligen körperlichen, geistigen und sozialen Wohlbefindens), so sind auch psychische und soziale Lärmwirkungen gesundheitsrelevant.

Belastungen (Tagesmittelungspegel) ab 55 dB (A) [17].

Dies führt zu einer Konzentration von einkommensschwachen Haushalten in verlärmten Bereichen [18].

Auf der Grundlage der oben genannten Ergebnisse der Lärmwirkungsforschung werden von verschiedenen Seiten (UBA Umweltbundesamt, WHO World Health Organisation, SRU Sachverständigenrat für Umweltfragen) die folgenden Zielwerte in Tab. 1 für den Lärmschutz im Städtebau vorgeschlagen ([10, 19–21]).

Vorrang hat die Einhaltung der Zielwerte für den Außenpegel, da der Lärmschutz auch den Außenwohnbereich (Gärten, Terrassen, Balkone) umfassen soll und die Minderung des Außenlärms einen Beitrag zur Verbesserung der Aufenthaltsqualität auf städtischen Straßen und Plätzen leistet.

3.2 Prinzipielle Konfliktfälle im städtebaulichen Lärmschutz

Aus dem Vergleich von vorhandenen Belastungen und Zielwerten folgt, dass das vorrangige und am schwierigsten zu lösende Problem die Lärmminderung an hochbelasteten Verkehrswegen ist, d. h. die Sanierung einer *bestehenden* Situation, z. B. im Rahmen einer Überplanung (Fall *„Lärmsanierung"*). Auch für andere Quellen (Gewerbe, Freizeiteinrichtungen usw.) gilt, dass gewachsene Situationen und Gemengelagen besondere Probleme bereiten. Dazu zählen auch die vielen nur vorübergehend auftretenden Konfliktfälle wie laute Einzelereignisse (z. B. in Folge von Freizeitaktivitäten oder nächtlichen Veranstaltungen), die oftmals zu Beschwerden der Bürger führen.

Bei der städtebaulichen *Neuplanung* sind je nach Verursacher oder Veranlasser die drei grundsätzlichen Konfliktfälle zu unterscheiden

- *Neuplanung* von verkehrserzeugenden Strukturen und von Emittenten wie Gewerbebetrieben in der Nachbarschaft bestehender sensibler Nutzungen wie Wohnungen (Fall *„Lärmvorsorge"*)
- *Neuplanungen* von sensibler Nutzung an bestehende Emittenten (Fall *„Heranrückende Wohnbebauung"*)
- *Gemeinsame Neuplanung von Emittenten und sensibler Nutzung*

Methodik, Zuständigkeiten, Rechtsgrundlagen und Maßnahmen sind für die insgesamt drei prinzipiellen Konfliktfälle zu unterscheiden.

Im Allgemeinen werden die Ziele des Lärmschutzes bei der Bewertung von neuen verkehrserzeugenden Strukturen zu wenig beachtet. Städtebaulicher Lärmschutz muss deshalb integraler Bestandteil der Stadt- und Verkehrsplanung sein.

3.3 Methodik des städtebaulichen Lärmschutzes

Die Aufgabe des städtebaulichen Lärmschutzes umfasst die folgenden wesentlichen Teilschritte:

Tab. 1 Zielwerte für den Lärmschutz im Städtebau

Schutzziel	Zeit	L_{Am} in dB	Immissionsort	Zielhorizont; Quelle
Gesundheit (Herz-Kreislauferkrankungen)	tags (nachts)	≤65 (≤55)	außen (außen)	Kurzfristig UBA, SRU
Vermeidung von erheblichen Belästigungen	tags	<55	außen	Mittelfristig UBA, WHO, SRU
Vermeidung von Belästigungen	tags	<50 <35	außen innen	Langfristig, UBA, WHO
Vermeidung erheblicher Schlafstörungen	nachts	<45 < 30 ($L_{AFmax} \leq 45$)	außen innen innen	Mittelfristig UBA, WHO
Vermeidung von Schlaf- bzw. Gesundheitsstörungen	nachts	<40 <25	außen innen	langfristig UBA, WHO

- Abgrenzung des Konflikt- oder Untersuchungsbereiches,
- Ermittlung der bestehenden oder prognostizierten Geräuschbelastung für den Untersuchungsbereich,
- Bewertung der Belastungen an Hand von Grenz- oder Zielwerten,
- Analyse der Ursachen,
- Entwicklung des Maßnahmenkonzeptes
- und seine Umsetzung.

Die Lösung von Lärmkonflikten setzt die Beteiligung aller Akteure voraus, eine umfassende Einbeziehung der Betroffenen durch Öffentlichkeitsarbeit ist bei allen Handlungsschritten sicher zu stellen. Das ist z. B. bei der Umsetzung der EU-Richtlinie zum Umgebungslärm vorgeschrieben (ULR [1], (siehe Box)). Für eine effiziente und bürgerfreundliche Lärmminderungsplanung muss überdies ausreichend qualifiziertes kommunales Personal vorhanden sein.

Abgrenzung des Konflikt- oder Untersuchungsbereiches

Die Beeinträchtigung durch Lärm erscheint als lokales Problem, dem auch durch lokale Maßnahmen zu begegnen versucht wird. Die TA Lärm als Vorschrift für den Gewerbelärm [12] definiert z. B. als Einwirkungsbereich einer Anlage die Flächen, deren Belastung infolge der Anlage 10 dB(A) und weniger unter den Richtwerten bleibt. Eine tiefergehende Analyse der Geräuschbelastungen zeigt aber, dass ihr oft auch weiträumige Ursachen zu Grunde liegen (lokale Verkehrsströme können z. B. relevante regionale, ja internationale Anteile haben). Manche Maßnahmen wie die räumliche Verlagerung unerwünschten Verkehrs führen anderorts zu Zusatzbelastungen. Deshalb sollte der Untersuchungsbereich insbesondere beim Verkehrslärm möglichst umfassend gewählt werden, mindestens aber das jeweilige Gemeindegebiet einschließen.

Die EU-Richtlinie zum Umgebungslärm (ULR [1], siehe Box) sieht Untersuchungsbereiche bei Verkehrsinfrastrukturen ab einer bestimmten Fahr- oder Flugzeugmenge und bei Ballungsräumen ab einer definierten Bevölkerungszahl verbindlich vor.

Ermittlung der bestehenden oder prognostizierten Geräuschbelastung für den Untersuchungsbereich

Die Geräuschbelastung wird für die einzelnen Schallquellen nach jeweils eigenen Regelwerken ermittelt. Diese legen Kenngrößen für die Belastung, Bezugszeiträume, Emissionsdaten und Ausbreitungsmodelle fest. In der Regel werden die Belastungen berechnet, weil damit auch Schallimmissions*prognosen* möglich sind. Einige Regelwerke enthalten aber auch Vorgaben für die Messung von Immissionen, z. B. die TA Lärm [12].

Aktuell ist die Ermittlung der Geräuschbelastungen zweigeteilt:

- Für die städtebauliche Planung und die Genehmigung von Verkehrsinfrastrukturen, Anlagen und Gebäuden (Planfeststellung, Baugenehmigung) gelten Berechnungs- oder Messvorschriften, die mit dem Immissionsschutz- und Planungsrecht und den darin genannten Schwellen-, Richt- oder Grenzwerten für die Geräuschimmissionen verknüpft sind, z. B.:
  - Richtlinien für den Lärmschutz an Straßen; Ausgabe 1990 (RLS-90)[2] [22]
  - Richtlinie zur Berechnung der Schallimmissionen von Schienenwegen – Schall 03 – Ausgabe 1990[3] [23]
  - Die Anleitung zur Berechnung von Lärmschutzbereichen AzB für den Fluglärm
  - Die TA Lärm für gewerbliche Anlagen [12] Schall 03 und RLS-90 werden auch in den Lärmsanierungsprogrammen von Bund und Ländern (siehe unten) angewandt.
- Für die Bestandsaufnahme in Form von Lärmkarten nach der EU-Richtlinie zum Umgebungslärm (siehe Box) gelten grundsätzlich harmonisierte europäische Ermittlungsverfahren, die durch äquivalente nationale Verfahren ersetzt werden können. Deutschland hat dazu Vorläufige Berechnungsmethoden für den

---

[2]Die RLS-90 wird zurzeit überarbeitet.
[3]Die Schall 03 wurde inzwischen grundsätzlich überarbeitet und soll bis Ende 2014 in Kraft gesetzt werden.

Flug-, Straßenverkehrs-, Schienenverkehrs- und Gewerbelärm erlassen ([5–8]).

In der RLS-90 werden vereinfachte, durchschnittliche Verkehrssituationen zu Grunde gelegt, die nach der zulässigen Höchstgeschwindigkeit klassifiziert sind. Für die städtebauliche Lärmschutzplanung ist mitunter eine genauere Abbildung der verkehrlichen Situationen erforderlich (z. B. Lärmschutzmaßnahmen an einer zweispurigen vorfahrtberechtigten Hauptverkehrsstraße im Kernstadtbereich mit geringen Verkehrsstörungen und Busbetrieb). Dies kann mit dem PC-Programm CITAIR[4] behandelt werden.

Beim Neubau und der wesentlichen Änderung von Verkehrswegen und bei der Dimensionierung von Lärmschutzmaßnahmen sind jeweils die Verkehrsmengen des Prognosezeitraums zu Grunde zu legen. Für Straßen beträgt dieser in der Regel 10 bis 20 Jahre,[5] bei Schienenwegen ist bislang von der Vollauslastung[6] einer Strecke auszugehen.

Bewertung der Belastungen an Hand von Grenz- oder Zielwerten

Die Belastungen sind mit den Grenz-, Ziel-, Richt- oder Orientierungswerten zu vergleichen (siehe Tab. 1, 2 und 3). Diese Werte hängen in der Regel von der jeweiligen baulichen Nutzung ab, wie sie z. B. in Bebauungsplänen nach der Baunutzungsverordnung [26] ausgewiesen sind. Die Belastungen werden aktuell flächenhaft in den Lärmkarten nach der Richtlinie zum Umgebungslärm dargestellt, detaillierte Karten liefern auch die Fassadenpegel.

Für die Bildung einer Prioritätenliste ist eine Gewichtung der Zielwertüberschreitungen mit der Zahl der betroffenen Personen sinnvoll.

Analyse der Ursachen

Einer zielgerichteten Minderung des Lärms muss zunächst die Analyse seiner Ursachen vorausgehen. Dies soll exemplarisch für den Straßenverkehr erläutert werden. Die Geräuschbelastung in einer Straße z. B. hängt von den folgenden Einflussgrößen ab:

- Art und Zahl der emittierenden Kraftfahrzeuge,
- Emissionen des Kraftfahrzeugverkehrs,
- Transmission der Emissionen zum Immissionsort.

Dies sei für die Art der Kfz und die Emissionen erläutert.

Art der emittierenden Kraftfahrzeuge:

Bekanntlich bestimmen die lauten Fahrzeuge wie z. B. die schweren Lkw schon bei relativ geringen Anteilen die Geräuschbelastungen. Nach den Emissionsannahmen der RLS-90 [22] erzeugt bei einer zulässigen Geschwindigkeit von 50 km/h ein Lkw über 2,8 t eine Geräuschbelastung, die 13,6 dB(A) über der eines Pkw liegt, 23 Pkw sind damit so laut wie ein Lkw. Damit wird der Mittelungspegel bereits ab einem Lkw-Anteil von 4,2 % von ihnen dominiert. Der Verringerung der Lkw-Anteile und der Minderung ihrer Emissionen kommt daher eine besondere Bedeutung zu.[7]

Die *Emissionen des Kraftfahrzeugverkehrs* werden im Wesentlichen durch die zwei Teilschallquellen Antriebs- und Rollgeräusch bestimmt. Abb. 3 zeigt für einen Pkw mit Benzinmotor (55 kW Nennleistung) den Schalldruckpegel und die prinzipiellen Parameter, die diese beiden Teilschallquellen bestimmen [27]:

---

[4]CITAIR: **C**omputergestütztes **I**nstrument zur Prognose der **A**uswirkung verkehrlicher Maßnahmen zur **I**mmissionsreduzierung, ist gegen eine Schutzgebühr beim Umweltbundesamt erhältlich. Es umfasst die Immissionen von Lärm und Luftschadstoffen.

[5]siehe die amtliche Begründung zu § 3 der 16. BImSchV [24] in der Bundesratsdrucksache 661/89, S. 37

[6]siehe die „Hinweise zur Handhabung der 16. BImSchV" Stand 6.9.1993 von Deutscher Reichsbahn und Bundesbahn

---

[7]Nach den Annahmen der RLS-90 ([22], Tab. 3) sind nur auf den Gemeindestraßen nachts die durchschnittlichen Lkw-Anteile mit 3 % niedriger.

Tab. 2 Grenz- und Richtwerte des Lärmschutzes an Verkehrswegen in Deutschland

	Vorsorge[1]		Sanierung[2] [3]	
	tags	nachts	tags	nachts
Krankenhäuser und ähnliches	57	47	67 (70)	57 (60)
Wohngebiete	59	49	67 (70)	57 (60)
Mischgebiete	64	54	69 (72)	59 (62)
Gewerbegebiete	69	59	72 (75)	63 (65)

[1] Neue oder wesentlich geänderte Straßen- und Schienenwege nach der VLärmSchV
[2] Straßen und Schienen in der Baulast des Bundes nach Maßgabe vorhandener Haushaltsmittel (in Klammern Schwellenwerte für die Lärmsanierung an Schienenwegen des Bundes; ab 01.01.2015 werden die Immissionspegel ohne Abzug des so genannten Schienenbonus von 5 dB(A) bestimmt [25])
[3] Vgl. die Zielwerte des Umweltbundesamtes: 65/55 dB(A) tags/nachts für Wohngebiete

Tab. 3 Orientierungswerte der DIN 18005 für den Lärmschutz im Städtebau

Baugebiete	Orientierungswerte in dB(A) tags nachts (Niedrigere Wert für Industrie-, Gewerbe- und Freizeitlärm)	
1. Reine Wohngebiete, Wochenendhausgebiete Ferienhausgebiete	50	40/35
2. Allgemeine Wohngebiete, Kleinsiedlungsgebiete, Campingplatzgebiete	55	45/40
3. Besondere Wohngebiete	60	45/40
4. Dorfgebiete und Mischgebiete	60	50/45
5. Kerngebiete und Gewerbegebiete	65	55/50
6. Sondergebiete, soweit sie schutzbedürftig sind, je nach Nutzungsart	45 bis 65	35 bis 65
7. Friedhöfe, Kleingartenanlagen, Parkanlagen	55	55

- Das Rollgeräusch steigt mit der Geschwindigkeit.
- Das Antriebsgeräusch steigt mit der Drehzahl und der Last des Motors. Drehzahl und Geschwindigkeit sind über die Übersetzungen der verschiedenen Gänge miteinander verknüpft.

Abb. 3 zeigt, dass die Emissionen bei Volllast (z. B. beim Beschleunigen) bis zu 7 dB(A) über dem lastlosen Betrieb (Konstantfahrt mit geringen Fahrwiderständen) liegen können. Diese beiden Betriebszustände müssen also unterschieden werden.

Eine konstante Fahrgeschwindigkeit kann in verschiedenen Gängen erreicht werden. Die Emissionsunterschiede im Fahrgeräusch sind bei älteren Fahrzeugen sehr groß, bei 30 km/h z. B, sind die Emissionen im 2. Gang rund 11 dB (A) höher als im 4. Gang. Daher kommt der *Fahrweise* eine hohe Bedeutung bei der Lärmminderung zu. Bei modernen Pkw sind die Emissionsunterschiede für die verschiedenen Gänge allerdings deutlich zurückgegangen (s. Abb. 4).

Die Abb. 3 zeigt schließlich auch das typische Verhältnis von Roll- und Antriebsgeräusch, das bei anderer technischer Auslegung natürlich hiervon abweichen kann. Bei Innerortgeschwindigkeiten ab 30 km/h überwiegt bei Konstantfahrten von modernen Pkw bereits das *Rollgeräusch*.

Das Rollgeräusch wiederum wird durch die Interaktion von Fahrweg und Reifen erzeugt, so dass sich bei den Emissionen die folgenden wesentlichen Gestaltungsbereiche und Akteure ergeben:

- Die Fahrzeughersteller bestimmen durch die technische Auslegung die Emissionen des Antriebes.
- Der Gesetzgeber regelt durch Vorschriften die maximal zulässigen Emissionen der beteiligten Quellen.

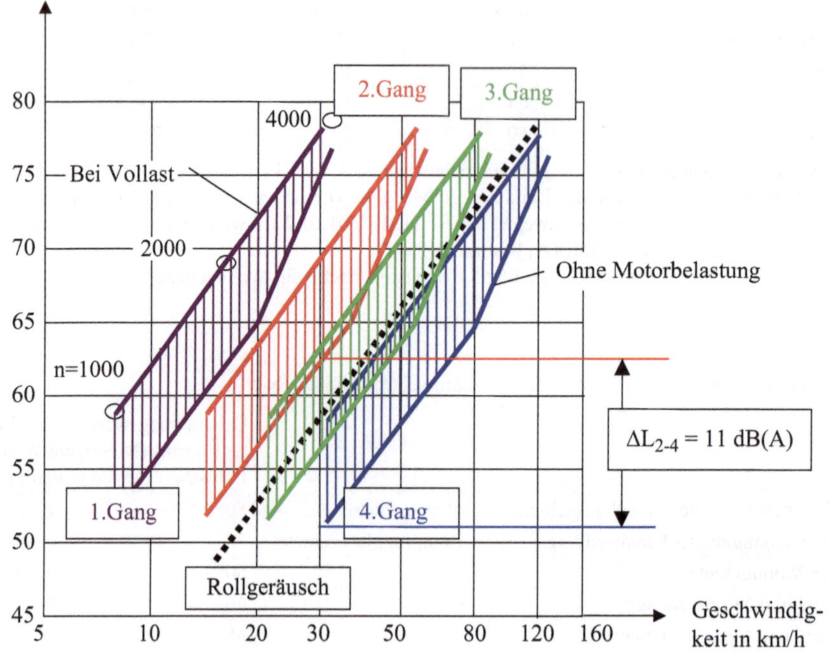

Abb. 3 Antriebs- und Rollgeräusche eines Pkw als Funktion der Geschwindigkeit und Gangwahl. (Quelle: Kemper und Steven [27])

Abb. 4 Verkehrsschild in Heidelberg für die Lkw-Lärmschutzzone der 2. Stufe

- Reifen- und Fahrbahnhersteller beeinflussen durch die technische Auslegung das Rollgeräusch.
- Die Fahrer können durch Gangwahl, Last und Geschwindigkeit die Emissionen erheblich beeinflussen.
- Die Fahrzeughalter (zu denen auch die Kommunen und kommunalen Verkehrsbetriebe gehören) können zudem leise Fahrzeuge und Reifen kaufen oder beschaffen.
- Durch Straßenraumgestaltung und Wahl der zulässigen Geschwindigkeit können Straßenbau- und Straßenverkehrsbehörden auf die Fahrweise Einfluss nehmen.

Entwicklung des Maßnahmenkonzeptes

Auf der Grundlage der Lärmkarten und der Ursachenanalyse sind Maßnahmenkonzepte zum Abbau der Belastungen zu entwickeln (s. Abschn. 5).

Rechtliche Vorgaben und Zuständigkeiten sind dabei zu beachten.

Integrierte Konzepte auf kommunaler Ebene sind z. B. die Lärmaktionspläne nach § 47a–f des Bundes-Immissionsschutzgesetzes (nationale Umsetzung der EU-Richtlinie zum Umgebungslärm, siehe Box). Da viele Maßnahmen in die Zuständigkeit nationaler oder europäischer Einrichtungen fallen, sind die kommunalen Lärmaktionspläne durch übergeordnete Konzepte zu ergänzen und zu unterstützen, wie beispielsweise Stufenpläne für die (weitere) Senkung der zulässigen Emissionen von Schallquellen.

3.4 Prinzipien, Instrumente, Maßnahmen und Akteure der Lärmbekämpfung

Die vorrangige Minderung hochbelasteter Situationen lässt sich im allgemeinen nur durch eine Kombination von *Maßnahmen* (konkrete Aktionen zur Lärmminderung wie z. B. der Bau einer Lärmschutzwand) und *Instrumenten* (mit denen solche Maßnahmen veranlasst werden, z. B. durch die Festlegung von Immissionsgrenzwerten) erreichen. Es ist sinnvoll, die potentiellen Maßnahmen und Instrumente nach Prioritäten, Verpflichtungsgrad und Zuständigkeiten zu strukturieren.

In der Umweltpolitik gilt der allgemeine Grundsatz „Vermeiden vor Vermindern vor Ausgleichen". Angewandt auf die Verkehrslärmbekämpfung ergibt sich dann die nachstehende *Rangfolge* von Maßnahmen:

- Vorrang haben Maßnahmen der Verkehrsvermeidung
- vor Maßnahmen der Verlagerung auf weniger emittierende Verkehrsmittel
- vor der Minderung der verbleibenden Geräuschemissionen
- vor der Minderung auf dem Ausbreitungsweg
- und am Immissionsort.

Verkehrsvermeidung hat Vorrang, weil dieses Prinzip die gemeinsame Grundlage für das Erreichen verschiedener Schutzziele oder -bereiche für eine nachhaltige Mobilität ist (Verkehrssicherheit, Klima, Luft, Flächenverbrauch, Stadtqualität usw.). Es lassen sich Synergien nutzen und die negativen Nebenwirkungen verkehrsvermeidender Maßnahmen sind im Allgemeinen gering.

Auch bei *Verlagerungen* lassen sich Synergien nutzen (z. B. bezüglich Energieeinsparung und Lärm). Das Verlagerungsprinzip setzt allerdings die Identifikation von Verkehrsmitteln voraus, die, bezogen auf die Verkehrsleistungen, leiser sind.

Emissionsminderung als Maßnahme an der Quelle entspricht dem Verursacherprinzip. Sie kann zu Zielkonflikten führen (z. B. Energiemehrverbrauch durch Gewichtszuwachs bei Kapselmaßnahmen an Kraftfahrzeugen).

Maßnahmen auf dem *Ausbreitungsweg* schließlich sind oft nicht stadtverträglich, z. B. innerstädtische Lärmschutzwände. Maßnahmen am Immissionsort wie Schallschutzfenster gewährleisten keinen Schutz der Außenwohnbereiche.

Diese für die Bekämpfung des Verkehrslärms entwickelten Prinzipien lassen sich sinngemäß auf andere Lärmquellen übertragen.

Bezüglich des *Verpflichtungsgrades* lassen sich die folgenden Instrumente unterscheiden:

- Festlegung von Grenzwerten für die Geräuschemissionen und -immissionen durch Gesetze, Verordnungen und Verwaltungsvorschriften (Ordnungsrecht);
- Verpflichtung zur Lärmminderung im Rahmen von gesetzlich vorgeschriebenen Abwägungen verschiedener Belange wie in der Bauleitplanung;
- Gemäß dem Verursacherprinzip Anlastung der Kosten für die Geräuschbelastung als so genanntes marktwirtschaftliches Instrument;
- Bevorrechtigung und -bezugung von lärmarmen Produkten und Prozessen z. B. in der öffentlichen Beschaffung oder durch die Verbraucher;
- Instrumente, die auf Verhaltensänderung zielen wie Information, Erziehung, Kampagnen;
- staatliche Finanzierung von Lärmschutzmaßnahmen wie die Lärmsanierungsprogramme des Bundes für die Schienenwege und die Bundesfernstraßen.

In der Regel wird das höchste und konkreteste Schutzniveau durch die ordnungsrechtliche Vorgabe von Grenzwerten für die Emissionen und Immissionen gewährleistet.

Maßnahmen und Instrumente der Lärmbekämpfung fallen in die Zuständigkeit verschiedener *Akteure* (vgl. auch Abschn. Analyse der Ursachen):

- Staatliche Einrichtungen legen Grenzwerte für die Emissionen (Europäische Union, ICAO) oder Immissionen fest (Bund) und setzen die Rahmenbedingungen für die qualitativen und verfahrenstechnischen Vorgaben zur Lärmminderung. Bund und Länder beeinflussen durch Steuer- und Finanzpolitik die Kosten für die Lärmverursachung.
- Regionen und Kommunen steuern durch Planung die Zuordnung von Lärmquellen und sensibler Nutzung oder die Verkehrserzeugung. Sie sind für die lokale Lärmminderung zuständig.
- Verschiedene Verwaltungseinrichtungen regulieren als Genehmigungsbehörden das Ausmaß der Geräuschbelastung (Gewerbeaufsicht, Planfeststellungsbehörden).
- Die Straßenverkehrsbehörden sind zuständig für die Lärmminderung durch straßenverkehrsrechtliche Maßnahmen.
- Die Bürgerinnen und Bürger können durch Verhalten und Konsum Lärm erzeugen oder vermeiden.
- Die Hersteller legen die Geräuschemissionen ihrer Produkte fest.
- Polizei und Gerichte werden in den zahlreichen Konflikten infolge Beeinträchtigungen durch Lärm bemüht.

In konkreten Konflikten erschwert diese Vielfalt der Zuständigkeiten den Betroffenen den schnellen Weg zur Abhilfe. Kommunaler Lärmschutz kann diese Situation durch Einrichtung einer zentralisierten Anlaufstelle (Lärmschutzbeauftragter, Lärmtelephon) verbessern.

4   Rechtsgrundlagen des städtebaulichen Lärmschutzes

Für den städtebaulichen Lärmschutz relevant sind alle Gesetze, Verordnungen und Verwaltungsvorschriften, die die Verkehrserzeugung bzw. vermeidung, die Verkehrsverlagerung, die Begrenzung

der Emissionen und die Begrenzung der Immissionen regeln oder beeinflussen. Letztere sind dabei als **direkte** Vorgaben für die Emissionen und zum Immissionsschutz von besonderer Bedeutung. Von den verkehrsbezogenen Rechtsgrundlagen sei hier nur exemplarisch das *Raumordnungsgesetz* (ROG) [28] zitiert, das klare Vorgaben für die Verkehrsvermeidung und die Verlagerung auf weniger emittierende Verkehrsmittel macht.

So heißt es in § 2 ROG:

1. „Die Grundsätze der Raumordnung sind im Sinne der Leitvorstellung einer *nachhaltigen* Raumentwicklung nach § 1 Abs. 2 anzuwenden. ...
2. Grundsätze der Raumordnung:........
3. Es sind die räumlichen Voraussetzungen für *nachhaltige Mobilität* und ein integriertes Verkehrssystem zu schaffen. Auf eine gute und verkehrssichere Erreichbarkeit der Teilräume untereinander durch schnellen und reibungslosen Personen- und Güterverkehr ist hinzuwirken. Vor allem in verkehrlich hoch belasteten Räumen und Korridoren sind die Voraussetzungen zur *Verlagerung* von Verkehr auf umweltverträglichere Verkehrsträger wie Schiene und Wasserstraße zu verbessern. Raumstrukturen sind so zu gestalten, dass die Verkehrsbelastung *verringert* und zusätzlicher Verkehr *vermieden* wird."

Unter den emissions- und immissionsbezogenen Regelungen ist *das Bundes-Immissionsschutzgesetz (BImSchG)* von 1974 [3] die wichtigste Rechtsnorm. Es regelt zusammen mit den zugehörigen Verordnungen oder Verwaltungsvorschriften

- den Lärmschutz bei der Errichtung und dem Betrieb von Anlagen (§ 4 ff. mit der Festlegung von Immissionsrichtwerten in der Allgemeinen Verwaltungsvorschrift „Technische Anleitung zum Schutz gegen Lärm" (TA Lärm) in der Novellierung von 1998 [29];
- die Geräuschgrenzwerte für Fahrzeuge (§ 38) zusammen mit der Straßenverkehrs-Zulassungs-Ordnung (StVZO), die die jeweiligen

europäischen Vorschriften für Kfz (Grenzwerte und Messverfahren) seit 1970 in nationales Recht umsetzt;

- den Lärmschutz bei Neubau- und wesentlichen (baulichen!) Änderungen von Verkehrswegen (Lärmvorsorge) (§§ 41–43) mit der Festlegung von Grenzwerten und Berechnungsvorschriften in der Verkehrslärmschutzverordnung (VLärmSchV) von 1990 [24]. Die VlärmSchV definiert die zulässigen *Außenpegel*[8] in Tab. 2, deren Überschreitung beim Bau und der wesentlichen Änderung von Verkehrswegen zu vermeiden ist (§ 41 (1)), soweit die Kosten der Schutzmaßnahme nicht außer Verhältnis zu dem angestrebten Schutzzweck stehen würden (§ 41 (2)); dann kommen nur so genannte „passive" innenraumschützende Schutzmaßnahmen in Betracht, die nach der Verkehrswege-Schallschutzmaßnahmenverordnung von 1997 [30] dimensioniert werden.

Die VlärmSchV definiert auch, was eine wesentliche Änderung eines Verkehrsweges ist: diese setzt einen erheblichen baulichen Eingriff voraus, der eine Pegelerhöhung um 3 dB(A)[9] und mehr oder auf Pegel über 70 dB(A) tags/60 dB (A) nachts bewirkt. Die VlärmSchV legt zudem das jeweilige Berechnungsverfahren für Straßen und Schienenwege fest.

- die Lärmkartierung und -aktionsplanung (§ 47a bis f) in Umsetzung der EU-Richtlinie zum Umgebungslärm, am 24. Juni 2005 eingeführt, (siehe Box)
- und mit dem § 50 für die raumbedeutsamen Planungen, dass Nutzungsflächen so zuzuordnen sind, dass schädliche Umwelteinwirkungen zu vermieden werden.

Für die *Bauleitplanung* ist das Baugesetzbuch [31] die zentrale Rechtsnorm.

Die Bauleitpläne „sollen eine nachhaltige städtebauliche Entwicklung, die die sozialen, wirtschaftlichen und umweltschützenden Anforderungen auch in Verantwortung gegenüber künftigen Generationen miteinander in Einklang bringt, und eine dem Wohl der Allgemeinheit dienende sozialgerechte Bodennutzung gewährleisten. Sie sollen dazu beitragen, eine menschenwürdige Umwelt zu sichern, die natürlichen Lebensgrundlagen zu schützen und zu entwickeln sowie den Klimaschutz und die Klimaanpassung, insbesondere auch in der Stadtentwicklung, zu fördern, sowie die städtebauliche Gestalt und das Orts- und Landschaftsbild baukulturell zu erhalten und zu entwickeln. Hierzu soll die städtebauliche Entwicklung vorrangig durch Maßnahmen der Innenentwicklung[10] erfolgen" (§ 1 BauGB). Die allgemeinen Anforderungen an gesunde Wohn- und Arbeitsverhältnisse und die Belange des Umweltschutzes sind zu berücksichtigen.

„Bei der Aufstellung der Bauleitpläne sind die *öffentlichen und privaten Belange* gegeneinander und untereinander gerecht abzuwägen" (§ 1 (7) BauGB).

In § 9 (Inhalt des Bebauungsplans) werden als Steuerungselemente u. a. die Art und das Maß der baulichen Nutzung und die Festlegung die Flächen für besondere Anlagen und Vorkehrungen zum Schutz vor *schädlichen Umwelteinwirkungen* im Sinne des Bundes-Immissionsschutzgesetzes genannt.

Im Baugesetzbuch selbst sind keine Konkretisierungen zur Vermeidung schädlicher Umwelteinwirkungen durch Geräusche getroffen. Im Beiblatt 1 der Norm DIN 18005 „Schallschutz im Städtebau" vom Mai 1987 [32] werden die in der Tab. 3 genannten schalltechnische Orientierungswerte für die städtebauliche Planung empfohlen. Die Orientierungswerte sind keine Grenzwerte, sie unterliegen der Abwägung mit anderen Belangen. „Ihre *Einhaltung* oder *Unterschreitung* ist wünschenswert, um die mit der Eigenart des betreffenden Baugebiets oder der betreffenden

---

[8]Als Beurteilungspegel, d. h. Mittelungspegel korrigiert um lärmwirkungsbezogene Zu- oder Abschläge, wie den Schienenbonus.

[9]Wegen der Rundungsregeln entspricht dies 2,1 dB (A) und mehr.

[10]Der angestrebte Vorrang der Innenentwicklung ist im Juni 2013 eingefügt worden.

Baufläche verbundene Erwartung auf angemessenen Schutz vor Geräuschbelastungen zu erfüllen".

Die Orientierungswerte haben vorrangig Bedeutung für die Planung von Neubaugebieten. Sie gelten nicht für die Zulassung von Einzelvorhaben nach den §§ 30 und 34 BauGB. Für den immissionsrechtlich besonders problematischen Fall eines neuen Wohnhauses als Lückenschluss an einer hochbelasteten Straße enthält das Beiblatt also keinen Richtwert. Allerdings gilt auch hier, dass „die Anforderungen an gesunde Wohn- und Arbeitsverhältnisse … gewahrt bleiben" müssen (§ 34(1) BauGB).

Zum Verhältnis von Bauplanungs- und Immissionsschutzrecht hat das Bundesverwaltungsgericht den Begriff der Spiegelbildlichkeit eingeführt: danach definieren immissionsschutzrechtliche Regelungen das Schutzkonzept, das auch das Bauplanungsrecht bindet. So gilt für Wohnbebauungen, die an gewerbliche Anlagen heranrücken, das Schutzkonzept der TA Lärm, die als Konfliktlösung nur die Minderung des Außenschallpegels kennt.[11] Nach diesem Konzept der Spiegelbildlichkeit ist die heranrückende Wohnbebauung an Verkehrswege insofern privilegiert, da in diesem Fall auch passive, d. h. bauliche Schallschutzmaßnahmen zulässig sind.

Die DIN 18005 ist nicht in allen Bundesländern eingeführt (z. B. nicht in Hamburg, hier hält man „derartig niedrige" Zielwerte in Ballungsgebieten für nicht realisierbar [33]. Es sollten in jedem Fall zwei Prinzipien beachtet werden:

- *Gesundheitsgefährdende* Belastungen sind auszuschließen (siehe Abschn. 3.1: Beurteilungspegel von 65/55 dB(A) tags/nachts)
- *Ruhige Bereiche* für Wohn- und insbesondere Schlafräume sind durch quellenabgewandte Orientierung zu sichern. In [34] wird als Zielwert: 49 dB(A) nachts (vgl. VLärmSchV) vorgeschlagen.

Die Straßenverkehrs-Ordnung (StVO) ermächtigt in § 45 die Straßenverkehrsbehörden zu Verkehrsbeschränkungen zum Schutz der Wohnbevölkerung vor Lärm und Abgasen.[12] Danach sind u. A. folgende Maßnahmen möglich:

- Geschwindigkeitsbeschränkungen wie in Tempo-30-Zonen (T30) oder Schrittgeschwindigkeit in verkehrsberuhigten Zonen (VBZ);
- Parkraumbewirtschaftung;
- Einrichtung von Fußgängerbereichen;
- Fahrverbote für bestimmte Zeiten und Fahrzeugkategorien.

Die Anwendung des § 45 STVO zum Lärmschutz sind durch Richtlinien des Verkehrsministeriums konkretisiert worden [35]. Danach kommt seine Anwendung insbesondere dann in Betracht, wenn in Wohngebieten Tages-/Nachtpegel von 70/60 dB(A) überschritten werden. Die Rechtsprechung[13] dazu hat aber klargestellt, dass derartige Maßnahmen nicht erst dann gerechtfertigt sind, wenn bestimmte (hohe) Pegel überschritten werden, sondern auch dann, wenn ortsunübliche Belastungen durch zumutbare Beschränkungen beseitigt werden können (wie z. B. das Verbot des Durchgangverkehrs in Erschließungsstraßen).

Die Richtlinie der Europäischen Union für den Umgebungslärm [1] Diese Richtlinie führt zum ersten Mal für die Europäische Union Fristen für das Aufstellen strategischer Lärmkarten (s. Abschn. Ermittlung der bestehenden oder prognostizierten Geräuschbelastung für den Untersuchungsbereich) und von Aktionsplänen (s. Abschn. Entwicklung

---

[11]Urteil des BVerwG 4 C 8.11 vom 29.11.2012

[12]§ 45 STVO (1) Die Straßenverkehrsbehörden können die Benutzung bestimmter Straßen oder Straßenstrecken aus Gründen der Sicherheit oder Ordnung des Verkehrs *beschränken* oder *verbieten* und den Verkehr *umleiten*. Das gleiche Recht haben sie

3. zum Schutz der Wohnbevölkerung vor „*Lärm* und *Abgasen*".

[13]Zu § 45 StVO Urteil des Bundesverwaltungsgerichtes vom 4.6.86 (7C76.84)

(NJV 1986, 2655 ff.)

Leitsatz:

„1. StVO § 45 Abs. 1 S. 2 Nr. 3 gewährt Schutz vor Straßenverkehrslärm nicht nur dann, wenn dieser einen bestimmten Schallpegel überschreitet; es genügen Lärmeinwirkungen, die jenseits dessen liegen, was im konkreten Fall unter Berücksichtigung der Belange des Verkehrs als ortsüblich hingenommen werden muß".

des Maßnahmenkonzeptes) zur Minderung der Geräuschbelastungen ein, sie geht damit über die Vorgaben des alten § 47a BImSchG hinaus. (Einzelheiten zur Richtlinie und ihrer Umsetzung in deutsches Recht siehe Box).

Geräuschemissionsvorschriften der Europäischen Union Bekanntlich fällt die Harmonisierung von Produktregelungen, zu denen auch Geräuschvorschriften gehören, in die Zuständigkeit der EU. In mehreren Richtlinien sind diese für

- Pkw, Lkw und Busse [36] seit 1970, Motorräder seit 1978, mit der letzten Änderung der Geräuschgrenzwerte in [37] bzw. [38]
- Reifen von Straßenfahrzeugen [39] seit 2001, aktualisiert im Jahr 2009 [40]
- Im Freien betriebene Maschinen, 2000 aktualisiert [41] festgelegt worden.

Geräuschvorschriften für Schienenfahrzeuge sind für Hochgeschwindigkeitszüge seit dem 01.12.2002 [42] und für konventionelle interoperable Schienenfahrzeuge [43] seit dem 23.06.2006 in Kraft.[14] Die Geräuschvorschriften für die Güterwagen haben dazu geführt, dass die besonders lauten Wagen mit Graugussklötzen nicht mehr zulassungsfähig sind.

Die Wirksamkeit der jüngsten Aktualisierung der Geräuschvorschriften für die Kfz (die Typprüfwerte werden je nach Fahrzeugkategorie zwischen 0 und 6 dB(A) gesenkt) wird als gering eingestuft. Im Mittel werden die Geräuschemissionen bis ca. 2035 nach Aussagen des Umweltbundesamts nur um 1 dB(A) sinken.

Bewertung der rechtlichen Regelungen für den (Verkehrs) Lärm Der Schutz vor Lärm, insbesondere Verkehrslärm ist *nicht umfassend* geregelt:

- Die VLärmSchV mit relativ anspruchsvollen Schutzwerten gilt in Deutschland nur für den Neubau und wesentliche Änderung von Straßen und Schienenwegen.

- Wesentliche Änderungen setzen erhebliche bauliche Eingriffe voraus. Pegelerhöhungen auf Grund veränderter Verkehrsmengen oder Geschwindigkeiten bleiben außer Betracht.
- Die auf den Außenwohnraum bezogenen Grenzwerte der VLärmSchV sind nicht zwingend einzuhalten (wenn die Kosten der aktiven Maßnahmen außer Verhältnis zum angestrebten Schutzzweck sind).
- Insgesamt bleibt der Verkehrslärmschutz damit hinter den Regelungen für den Gewerbelärm zurück.
- Die EU-Richtlinie zum Umgebungslärm und ihre Umsetzung in nationales Recht hat nicht zu einer einheitlichen Festlegung des Schutzniveaus geführt. Fristen für die Umsetzung der Lärmaktionspläne sind nicht vorgegeben. Im Unterschied zum alten § 47a des BImSchG erfolgt die Ermittlung von Gebieten mit schädlichen Umwelteinwirkungen nicht auf Grund von akustischen Kriterien, sondern auf der Basis von Schwellenwerten für die Einwohnerzahlen und die jeweiligen Verkehrsmengen. Die für die Lärmaktionsplanung zuständigen Behörden haben z. T. geringe Eingriffsmöglichkeiten, so die Gemeinden an Eisenbahnstrecken des Bundes.[15] Allerdings hat die Richtlinie durch die verpflichtende Lärmkartierung und die Öffentlichkeitsbeteiligung zu einer deutlich gestiegenen Sensibilisierung für die Lärmprobleme geführt.
- § 45 StVO unterliegt der Abwägung mit anderen Belangen (Gewährleisten des Verkehrs).
- Im Bauplanungsrecht ist ebenfalls eine Abwägung der Belange vorzunehmen; es fehlen Regelungen für Einzelvorhaben.
- In den Rechtsvorschriften werden die Quellen isoliert voneinander betrachtet. Erhöhte Schutzmaßnahmen für mehrfach oder „rundum" (d. h. mit hohen Immissionen an allen Fassaden der Wohnung) belastete Personen lassen sich somit nicht einfordern. Für den Straßen- und den Schienenverkehrslärm sind nach wie vor

---

[14]Diese werden im Rahmen der Technischen Spezifikationen für die Interoperabilität festgelegt, die aktuell überarbeitet worden sind.

[15]Das wird sich zum 01.01.2015 ändern, wenn die Lärmaktionsplanung an Haupteisenbahnstrecken vom Eisenbahn-Bundesamt durchzuführen ist.

nur mittelungspegelbasierte akustische Indikatoren von Bedeutung, die beeinträchtigende Wirkung von Einzelschallereignissen wird nur indirekt betrachtet.

- Die Emissionsvorschriften der EU entsprechen nicht immer dem Stand der Technik der Lärmminderung und sie beschränken sich auf Vorgaben für *neue* Fahrzeuge. Damit ist der Minderungseffekt abhängig von der durchschnittlichen Lebensdauer der Fahrzeuge. Beim Schienenverkehrslärm sind wegen der langen Laufzeit z. B. von Güterwagen, deshalb auch Strategien zur Minderung der Emissionen der Bestandsfahrzeuge erforderlich, z. B. deren Umrüstung.

Obwohl die Infrastruktur einen relevanten Beitrag zur Lärmminderung leisten kann, fehlt es an entsprechenden europäischen oder nationalen Vorgaben.

Insbesondere an den seit längerem *bestehenden* hochbelasteten innerstädtischen Straßen und Schienenwegen fehlen konkrete Schutzbestimmungen (Problem der „Lärmsanierung"). Hier werden die Probleme allenfalls durch die Lärmsanierungsprogramme des Bundes für Bundesfernstraßen (seit 1978), entsprechende Programme in den Ländern und für Schienenwege des Bundes (seit 1999) gemildert. Die der Sanierung zu Grunde liegenden Grenzwerte (siehe Tab. 2) liegen aber – vor allem für den Schienenverkehr – über dem, was aus Gründen des Gesundheitsschutzes geboten ist. Die Sanierungsprogramme sind zudem freiwillige Leistungen des Bundes je nach Lage des Haushaltes. Die Finanzierung von Maßnahmen an Verkehrswegen in der Baulast der Kommunen ist nach wie ungelöst. Diese Situation wird schon seit längerem kritisiert,[16] entsprechende politische Initiativen wurden aber bislang nicht umgesetzt.

---

[16]So der Rat von Sachverständigen für Umweltfragen in seinem Sondergutachten Umwelt und Gesundheit vom 31.8.1999 (Auszug aus der Kurzfassung [21]):

„Im Gegensatz zu Anlagen, die dem Bundes-Immissionsschutzgesetz unterliegen (§§ 17, 25 BImSchG), sehen die gesetzlichen Regelungen eine Sanierung bestehender Verkehrsanlagen nicht vor …

5 Maßnahmen

Im Folgenden werden Maßnahmen zur Lärmminderung vorgestellt. Sie werden nach der in Abschn. 3.4 dargestellten Rangfolge der Maßnahmen gegliedert. Oft umfassen bestimmte Maßnahmenkonzepte allerdings mehrere Elemente. Das Konzept „Flächenhafte Verkehrsberuhigung" (s. Abschn. Abschirmungen) z. B. zielt nicht nur auf lärmarme Fahrweisen, sondern möchte auch das Umsteigen auf emissionslose Verkehrsmittel (Zufußgehen, Fahrrad fahren) fördern. Die Lärmaktionsplanung nach §47a–f BImSchG soll ein Konzept zur Abstimmung und Integration einer Vielzahl von Einzelmaßnahmen sein.

5.1 Verkehrsvermeidung

Verkehrsvermeidung meint genauer die *Vermeidung* des motorisierten *Verkehrs* (MV). Dies bedeutet im *weiteren* Sinne die Reduktion der *Fahrleistungen* (FL) des MV nach der folgenden Tautologie (vgl. [44], S. 434):

$$FL = \frac{FL}{VL}\frac{VL}{A}\frac{A}{N}N$$

a) Minderung der Fahrleistungsintensität $\frac{FL}{VL}$
b) Minderung der Transportintensität $\frac{VL}{A}$
c) Minderung der Aktivitätsintensität $\frac{A}{N}$

Dieser Rechtszustand, der den Lärmschutz fast völlig von fiskalischen Erwägungen abhängig macht, ist auch unter dem Vorzeichen knapper gewordener Haushaltsmittel auf Dauer nicht akzeptabel. Die Verweigerungshaltung der Fiskalpolitik entfernt sich nicht nur von den individuellen Präferenzen einer Vielzahl der Bürger. Vielmehr gebietet auch die Schutzpflicht aus Art. 2 Abs. 2 S. 1 GG ein angemessenes Vorgehen gegen Lärmbelastungen durch Altanlagen, jedenfalls soweit sie im Grenzbereich zur Gesundheitsgefährdung liegen, was bei langandauernden erheblichen Belästigungen im medizinischen Sinne zu erwarten ist. Da insbesondere sozial Schwächere von unzumutbarem Lärm betroffen sind, ist ein Abbau der Lärmbelastung auch ein Gebot des Sozialstaates."

mit VL Verkehrsleistung
A Aktivitäten
N Nutzen

a) heißt Erhöhung der Auslastung[17] der Fahrzeuge.
b) bedeutet das Verringern der *Verkehrsleistung* (VL) pro Aktivität, z. B. für die Wege von und zur Arbeit (Verkehrsvermeidung im *engeren* Sinne durch verkehrsarme Siedlungs- und Nutzungsstrukturen).
c) schließlich die Verminderung der Aktivitäten, die mit einem bestimmten Nutzen verknüpft sind (z. B. ein langer Urlaub statt mehrere Kurztrips).

Analoge Beziehungen lassen sich für den Güterverkehr angeben, wobei die Aktivitäten durch Gütereinheiten zu ersetzen sind. Reduktion der Gütermengenintensität nach c) wäre dann die z. B. die Nutzung langlebiger Gebrauchsgüter statt von Wegwerfprodukten oder Leihen statt Kaufen.

Verkehrsvermeidung nach c) ist als Abkehr von einem material- und verkehrsintensiven Lebensstil eher eine allgemeine kulturelle Aufgabe, die aber auch auf kommunaler Ebene durch die Förderung eines Lebens ohne Auto unterstützt (z. B. durch autofreie Wohngebiete) werden kann.

Das *Wachstum* der Verkehrsleistung des gesamten[18] motorisierten Verkehrs in Deutschland von ca. 88 Mia. Personenkilometern (Pkm) 1950 [45] auf 1128 Mia. Pkm 2010 [46] zeigt aber, wie wenig erfolgreich bisherige Strategien der Verkehrsvermeidung waren. In der Tat sind die Ursachen steigender Verkehrsleistung wie Wohlstand, Individualisierung der Lebensformen, Globalisierung, wirtschaftliche Konzentration etc. ungebrochen.

In [47] wird eine Fülle von Verkehrsvermeidungsstrategien beschrieben, hier sollen exemplarisch einige wichtige Maßnahmenpakete beschrieben werden.

Die *Wirkungen* von Maßnahmen zur Verkehrsvermeidung sind i. A. schwer quantifizierbar und relativ gering. Eine durchaus anspruchsvolle Minderung der Fahrleistungen um 50 % bedeutet bekanntlich im Mittel eine Reduktion der Belastungen um nur 3 dB(A) (siehe dazu auch Tab. 4).

Ein Beispiel für die Minderung der Intensität der Gütermengen nach c) durch *Leihen statt Kaufen* ist das Car-Sharing oder Autoteilen:

Car-Sharing unterstützt einen Lebensstil, der ohne eigenes Auto auskommt. Ein Car-Sharing-Auto entspricht 5 bis 8 privaten Pkw[19] mit entsprechender Reduzierung von Gütermengentransporten in der Pkw-Produktion. Eine Schweizer Untersuchung zeigt, dass die Nutzung von Car-Sharing die Gesamtfahrleistungen im Pkw-Verkehr um 21 % reduziert [55]. Andere Untersuchungen kommen zu höheren Reduktionspotenzialen [56].[20]

Verkehrsarme Siedlungsstrukturen nach b) oder die „Stadt der kurzen Wege" werden durch die Bauleitplanung mit den Instrumenten der Nutzungsmischung,[21] Dezentralisation[22] und Verdichtung[23] gefördert. In [34] wird ferner empfohlen, Stadtquartiere mit hoher historisch-urbaner Qualität zu bewahren, mehr Wohnungen in den Innenstädten zu realisieren und Landschaft rund um die Stadt freizuhalten. Gutes Beispiel für eine „kompakte" Stadt ist Delft (92.000 Einwohner) in den Niederlanden; hier liegen 90 % der Siedlungsfläche innerhalb eines Radius von 2,2 km um das Stadtzentrum, während gleich große Städte in

---

[17]So fahren in Pkw im Berufsverkehr durchschnittlich nur 1,1 Personen/Fahrzeug., im ÖPNV beträgt die Auslastung nur 20 %)

[18]Die entsprechenden Zahlen für den Motorisierten Individualverkehr sind 30,7 Mrd. Pkm 1950 und 904,7 Mrd. Pkm 2010.

[19]siehe Umweltzeichen 100 „Car Sharing" Ausgabe Juli 2010, S. 4

[20]Danach reduzieren die „Car-Sharer" ihre jährliche Fahrleistung im MIV um fast 3000 km.

[21]durch Festlegen der Art der baulichen Nutzung nach Baunutzungsverordnung BauNVO.

[22]durch Zuordnung der Nutzungen im Bebauungsplan.

[23]durch Festlegen des Maßes der baulichen Nutzung (BauNVO § 17), auch hier gilt, dass die zulässige Höhe der Geschossflächenzahl GFZ mit den Immissionsgrenzwerten steigt.

Tab. 4 Verkehrsmittelwahl im Personenverkehr in ausgewählten deutschen und europäischen Städten, Deutschland insgesamt und Tokio: Anteile in Prozent der Wege (ohne Flugverkehr, gerundet)

Geografische Einheit	Einwohner- zahl	Fuß- verkehr	Rad- verkehr	ÖV	MIV	Jahr der Erhebung	Quelle
Basel, CH	170.000	37	16	27	18	2010	[48]
Zürich, CH	390.000	36	6	32	25	2010	
Münster	280.000	16 (min)	38 (max)	10	36	2007	[49]
Jena	390.000	39 (max)	10	16	35	2008	[50]
Freiburg	222.000	22	26	18	33	1999	[51]
Witten	100.000	16 (min)	3 (min)	13	68 (max)	2006	[50]
Cottbus	101.000	26	21	7 (min)	44	2008	[52]
München	1.235.000	28	10	21	41	2002	[53]
München	1.327.000	28	14	21	37	2008	
München	1.364.000	27	17	23	33	2011	
Berlin	3.500.000	30	13	26 (max)	31 (min)	2008	[52]
Tokio	8.800.000	23	14	51	12	2009	[15]
Deutschland		24	10	9	58	2008	[54]

Deutschland auf 3,0 (Tübingen) bis 5,0 km (Trier) kommen.

Bauliche Strukturen lassen sich nur langfristig verändern, deswegen ist der Erhalt oder Ausbau gemischter Nutzungsstrukturen auch durch andere Instrumente zu fördern, wie z. B. eine Wohnungspolitik, die Umzüge in die Nähe des Arbeitsplatzes erleichtert, die Dezentralisierung von Ämtern, der Erhalt wohnungsnaher Versorgungen wie den Dorfladen durch eine entsprechende Gewerbepolitik usw.

Die Stadt der kurzen Wege erlaubt es idealerweise, die notwendigen Wege zu Fuß oder mit dem Rad zu machen. Immerhin sind heute 22,3 % der Pkw-Wege kürzer als 2 km und 46,2 % kürzer als 5 km [54], so dass ein hohes Potential für die emissionsfreien Fortbewegungsarten besteht. Die durchschnittlichen Reisezeiten der zunehmend verkauften – zwar bislang nicht völlig emissionsfreien – Elektrofahrräder (E-Bikes, Pedelecs etc.) sind sogar bis 10 km Weglänge nicht höher als die der Pkw, wodurch mindestens 66,1 % der MIV-Wege ersetzbar sind [57].

In der Regel sind die Grenz- und Richtwerte gebietsabhängig (s. z. B. Tab. 2 und 3), Gebiete mit hoher Nutzungsmischung sind danach weniger geschützt als z. B. reine Wohngebiete. Dieses Dilemma zwischen Immissionsschutz und verkehrsvermeidender Nutzungsmischung ist begrenzt lösbar, so z. B. durch Ausweisung Besonderer Wohngebiete, die hohe Nutzungsmischung erlauben und gleichzeitig anspruchsvolle Richtwerte für die Nacht aufweisen.

Eine wichtige Kenngröße für die Verkehrvermeidung ist die *Verkehrsmittelwahl* („*Modal Split*"). In der Regel wird dazu ermittelt, wie viele Wege jeweils zu Fuß, mit dem Rad, dem Öffentlichen Verkehr (ÖV, ÖPNV) und dem motorisierten individual Verkehr zurückgelegt werden. Zahlen dazu liegen vor Allem für den Personenverkehr vor. In der folgenden Tab. 4 ist für einige Städte und für Deutschland insgesamt die Verkehrsmittelwahl angegeben. Da der Öffentliche Verkehr (Busse, Straßenbahnen, U-Bahnen, regionaler Schienenpersonenverkehr) mit wachsenden Einwohnerzahlen einer Stadt effektiver und finanzierbarer ist, sind auch jeweils die Einwohnerzahlen angegeben. Für die Städte in Deutschland sind jeweils die Maximal- und Minimalquoten angegeben.

Die Tab. 4 zeigt deutliche Unterschiede in der Nutzung der verschiedenen Verkehrsmittel. Für Millionenstädte setzt Tokio die Maßstäbe, bei entsprechender Verkehrspolitik könnte z. B. Berlin seinen Anteil an Pkw-Fahrten fast dritteln.

Für Großstädte ab 100.000 Einwohner gibt Basel das beste Beispiel für einen geringen Anteil von Pkw-Fahrten: Hätte Witten den gleichen Pkw-Anteil wie Basel, könnte die resultierende Belastung im Mittel um fast 6 dB(A) sinken.

Allerdings sinkt die Gesamtbelastung nicht in gleichem Maß, da z. B. der Umstieg auf Busse und Bahnen ebenfalls zu Geräuschbelastungen führt und zusätzlich noch der Wirtschaftsverkehr berücksichtigt werden muss.

Eine der Ursachen für den geringen Pkw-Anteil in Basel ist z. B. der geringe Motorisierungsgrad der Baseler: 55 % der Haushalte besitzen keinen eigenen Pkw. Auch hat Basel eine sehr strikte Parkraumbewirtschaftung.

Ein wichtiges Instrument zur Verkehrsvermeidung ist die Anlastung bzw. „Internalisierung" der „wahren" Kosten des motorisierten Verkehrs auf der Grundlage des Verursacherprinzips. Die Kosten setzen sich im Wesentlichen aus den Kosten für den Betrieb von Fahrzeugen, die Kosten für den Unterhalt und Ausbau der Infrastruktur und den so genannten externen Kosten zusammen. Externe Kosten sind Folgekosten, die die Verkehrsteilnehmer und -nutzer nicht selbst tragen, sondern Dritten anlasten, wie die Beeinträchtigungen durch Geräusche. Für die externen Kosten der Geräuschbelastungen liegen verschiedene Schätzungen vor. Eine aktuelle Schätzung kommt für den Straßenverkehr auf externe Lärmkosten von 9,1 Mrd. €/Jahr (Preistand 2009) [17]. Gestaltungsformen dieses Instruments sind:

- die fahrleistungs*abhängige Mineralölsteuer*, erweitert um die *Ökosteuer*;
- die fahrleistungs*unabhängige Kraftfahrzeugsteuer*, mit der sich aber die spezifischen Emissionen eines Kfz berücksichtigen lassen;
- *Infrastrukturbenutzungsentgelte* wie Straßenbenutzungsgebühren: Sie können z. B. eine explizite Preiskomponente für die akustischen Umweltschäden enthalten. So sind seit Dezember 2012 in Deutschland lärmabhängig Trassenpreise für den Schienengüterverkehr eingeführt worden [25], das Instrument der lärmabhängigen Start- und Landegebühren an Flughäfen gibt es schon seit Längerem. Bei der Straßenbenutzungsgebühr für Lkw („Lkw-Maut") hat Deutschland die nach europäischem Recht zulässige Lärmkomponente noch nicht eingeführt;

- *„Road Pricing"* als *kommunales* Instrument zur Kostenanlastung bei Benutzung stark nachgefragter Straßen und als Feinsteuerung zur Entlastung überlasteter Bereiche (im Ausland angewandte Maßnahme – die „Congestion Charge" in London, Singapur, Norwegen –, in Deutschland im Rahmen von Modellvorhaben (Stuttgart) mit relativ geringen Effekten angewandt);
- *Parkraumbewirtschaftung* als ebenfalls *kommunale* Maßnahme mit potenziell hoher Wirksamkeit.[24]

Die Entfernungspauschale für den Arbeitsweg ist als Subvention allerdings eine Förderung längerer Wege zwischen Wohnung und Arbeitsplatz.

Die *fußgänger- und fahrradfreundliche Stadt* fördert den Umstieg auf die emissionslosen Verkehrsmittel durch

- die Erhöhung der Sicherheit (insbesondere durch die Reduktion der Geschwindigkeit des motorisierten Verkehrs),
- die Bevorrechtigung an Ampeln (zeitlich, örtlich),
- die Erhöhung der „Reisegeschwindigkeit" und des Komforts (durch direkte Wegführung, keine Unterführungen, ausreichende Flächen wie bei. eigenen Fahrradstraßen, abgesenkte Bürgersteigkanten usw.),
- sichere Abstellplätze,
- Öffentlichkeitsarbeit
- das Zurverfügungstellen von Dienstfahrrädern
- und das persönliche Beispiel in Verwaltung und Politik.

Auch die motorisierten – gewerbliche und private – Fahrten mit Gütertransport können teil-

---

[24]In Erlangen wurde untersucht, welchen Einfluss die Verfügbarkeit eines Parkplatzes auf die Verkehrsmittelwahl der Pendler hat: Ist ein Parkplatz verfügbar, kommen 63,7 % mit dem Pkw zur Arbeit, ohne Parkplatzverfügbarkeit sind es nur 29,2 % [58].

weise auf das Fahrrad verlagert werden. Eine Studie im Rahmen des europäischen Projekts Cyclelogistics schätzt das Verlagerungspotenzial in europäischen Städten auf 51 % dieser Fahrten. Der Verkehrsclub Deutschland VCD hat zu seinem Projekt „Lasten auf die Räder!" eine Datenbank mit Lastenfahrrädern eingerichtet.

Die Stadt *Münster* in Westfalen (270.000 Einwohner) zeigt das Umsteigepotential bei topologisch günstigen Gegebenheiten (s. Tab. 4). In *München* konnte der Radverkehrsanteil durch eine Maßnahmen zur Förderung des Radverkehrs [59] innerhalb von 9 Jahren um 70 % gesteigert werden (siehe Tab. 4).

Mit *Verkehrsbeschränkungen durch straßenverkehrsrechtliche Maßnahmen* nach $45 StVO (s. Abschn. 4) z. B. mit Sperrungen für den nicht ortsüblichen Verkehr (wie Durchgangsverkehr in Erschließungsstraßen) lassen sich die Verkehrsmengen lokal reduzieren. Dies ist aber erst dann ein Beitrag zur Verkehrsvermeidung, wenn der Verkehr nicht nur einfach verlagert wird.

Die Sperrung der historischen Altstadt für den Autoverkehr in *Lübeck* (216.000 Einwohner) von 10 bis 18 Uhr (mit Ausnahmen für Bewohner, Taxis und ÖPNV) hatte lokal zu Pegelminderungen von 4 bis 6 dB(A) geführt.

Maßnahmen zur *Verlagerung auf emissionsarme Quellen*

Diese Maßnahme hat die Anwendungsbereiche:

* Verlagerung des motorisierten Individualverkehrs (Pkw etc.) auf Busse und Bahnen des *ÖPNV* und des Regionalverkehrs,
* Verlagerung auf die *Schiene* im überörtlichen Verkehr (Güter, Personen),
* Verlagerung auf emissionsarme Kfz-Typen innerhalb einer Fahrzeugkategorie (z. B. durch Benutzervorteile).

Mit den folgenden Maßnahmeelementen kann die Verlagerung gefördert werden

* *Stadtentwicklung, Siedlungsplanung*: *ÖPNV-orientierte Stadt*

ÖPNV-Haltepunkte/Knoten und -linien als Kerne städtebaulicher Entwicklung;
* *Güterverkehrslogistik* (verbrauchernahe Güterbahnhöfe, Güterverkehrszentren mit Bahnanschluss);
* *Preisinstrumente Kostenverbesserung* des Öffentlichen Verkehrs in Relation zu Pkw, Lkw (Umweltkarten, Bahncard, Job-Tickets usw.);
* *Förderung des Kombinierten Verkehrs* Walk/Bike/Park and Ride, Straßen-/Schienengüterverkehr, Car-Sharing (Pkw- + ÖPNV-Nutzung), Radmitnahme im ÖPNV;
* *Bevorrechtigung des ÖPNV* (Flächen, z. B. Busspuren, Ampelschaltung);
* *Angebotsverbesserung ÖPNV* (Takt, Haltestellendichte, Service, Pünktlichkeit …);
* *Öffentlichkeitsarbeit.*

Das Beispiel der Stadt *Zürich* (385.000 Einwohner) zeigt das Umsteigepotential bei konsequenter Förderung und Bevorrechtigung des ÖPNV, gemessen mit dem Indikator der Verkehrsmittelwahl (% der Wege, siehe Tab. 4).

Maßnahmen der Verkehrsverlagerung setzen den Nachweis von leiseren Alternativen voraus. In [60] werden die Umweltauswirkungen verschiedener Verkehrsträger bezogen auf die *gleiche Verkehrsleistung* ermittelt, beim Lärm ist derzeit der Bus das leiseste Verkehrsmittel (2 bis 4 dB(A) geringere Belastungen als beim Pkw; die im Straßenraum fahrende Straßenbahn erzeugt hingegen ca. 2 dB(A) höhere Belastungen als der Pkw, sie ist nur unter Anrechnung des noch bis Ende 2018 geltenden Schienenbonus leiser als der Pkw.

5.2 Vermindern der Emissionen

Geräuschemissionen werden im Wesentlichen durch technische Maßnahmen an den Quellen und durch lärmarme Betriebsweisen gemindert. Für den Straßenverkehrslärm bedeutet dies technische Maßnahmen an den Fahrzeugen und -wegen sowie eine lärmarme Fahrweise.

Technische Maßnahmen

Technische Maßnahmen setzen sich in der Regel nicht von selbst durch (so werden nach *außen* leise Kfz wenig nachgefragt), sie müssen also durch andere Instrumente veranlasst werden. Veranlassende Maßnahmen zur technischen Geräuschminderung sind:

- *Ordnungsrecht (verpflichtend)*, z. B.:
  - Geräuschvorschriften für Kraftfahrzeuge und ihre Komponenten;
  - Immissionsvorschriften für neue Straßen (sie liefern *Anreize* für den Einsatz leiserer Straßendecken);
  - Fahrverbote für laute Fahrzeuge.
- *Subventionen und Abgaben (freiwillig)*
    z. B. finanzieller Anreiz zum Erwerb leiserer Kfz (Kfz-Steuer, vgl. Einführung des Katalysators);
- *Benutzervorteile für lärmarme Kfz (freiwillig)*
    z. B. zeitliche und räumliche Ausnahmen von Fahrverboten;
- *Information über lärmarme Produkte*
    z. B. durch Umweltzeichen („Blauer Engel") für solche Produkte;
- Bevorzugung leiserer Geräte und Fahrzeuge im Rahmen der *umweltfreundlichen Beschaffung* von Behörden;
- Ausbildung *leiser Fahrwege*

Fahrverbote für laute Fahrzeuge sowie die vier letztgenannten Instrumente liegen auch im Zuständigkeitsbereich von Kommunen und sollen deshalb erläutert werden.

Benutzervorteile für lärmarme Kfz [61] Benutzervorteile für lärmarme Kfz sind eine Maßnahme, die auch in Kommunen eingeführt worden ist. Die gebräuchlichste Gestaltung dieser Maßnahme ist die Befreuung lärmarmer Fahrzeuge von Fahrverboten nach § 45 STVO (s. Abschn. 4). In Deutschland ist diese Maßnahme zuerst unter dem Namen Bad Reichenhaller Modell eingeführt

worden. Die dort schon seit 1954 gültigen Fahrverbote für Lkw wurden Oktober 1981 für „lärmarme Lkw" gelockert bzw aufgehoben. Im November 1984 wurden mit der Definition des lärmarmen Kfz in der Anlage XXI der Straßenverkehrs-Zulassungs-Ordnung (StVZO) durch die Bundesregierung auch die formalen Voraussetzungen für derartige Förderstrategien geschaffen.

Im Dezember 1989 wurde ein Nachtfahrverbot (22 bis 5 Uhr) für Lkw mit Ausnahme von lärmarmen Versionen auf den Alpentransitstrecken in Österreich eingeführt, dessen wichtigstes Nebenergebnis ein stark anwachsendes Angebot an lärmarmen Lkw-Typen war. Im Rahmen eines Modellvorhabens des Umweltbundesamtes wurden schließlich in zwei Stufen 1991 und 1994 in mehreren Ortsteilen Heidelbergs Lkw-Lärmschutzzonen eingeführt (s. Abb. 5) (Lkw-Fahrverbote mit Ausnahme von lärmarmen Lkw von 11 bis 7 Uhr). Auch in Berlin wurde dieses Instrument ab 1999 erprobt.

Die Wirkung dieser Maßnahme hängt vom jeweiligen LKW-Anteil und vom Einführungsdatum ab. Die Geräuschgrenzwerte seit 1996 neu zugelassener Lkw unterscheiden sich nur noch geringfügig von den entsprechenden Grenzwerten des 1984 definierten lärmarmen Lkw. Immerhin hat diese Maßnahme wesentlich dazu beigetragen, dass der lärmarme Lkw zum „Normal-Lkw" geworden ist.

Information über lärmarme Produkte Der Kauf oder Betrieb lärmarmer Produkte setzt die Kenntnis dieses Produktsegmentes voraus. Im Gegensatz zur Produktkennzeichnung von energieverbrauchenden Geräten steht aber eine umfassende, transparente und von den Konsumenten nachvollziehbare Kennzeichnung leiserer Produkte noch aus. Ein Beispiel dafür ist die inzwischen in der EU vorgeschriebene Kennzeichnung von Reifen für Kraftfahrzeuge für bestimmte Eigenschaften [62].

Abb. 6 zeigt die Kennzeichnung für die Geräuschemissionen N in dB(A) in Bezug auf den ab 2016 gültigen Grenzwert LV.

Die wichtigste Kennzeichnung lärmarmer Produkte in Deutschland ist das Umweltzeichen UZ. Das UZ 59 für „Lärmarme und schadstoffarme

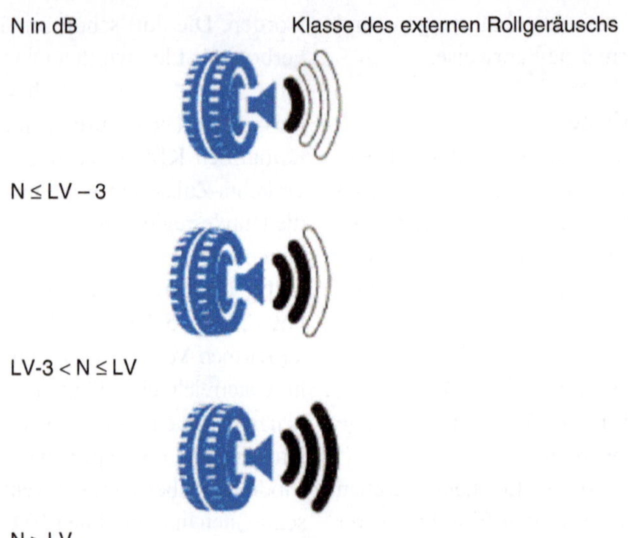

Abb. 5 Geräuschkennzeichnung von Kfz-Reifen nach europäischem Recht. (Quelle: EU-Verordnung Nr. 1222/2009 [62])

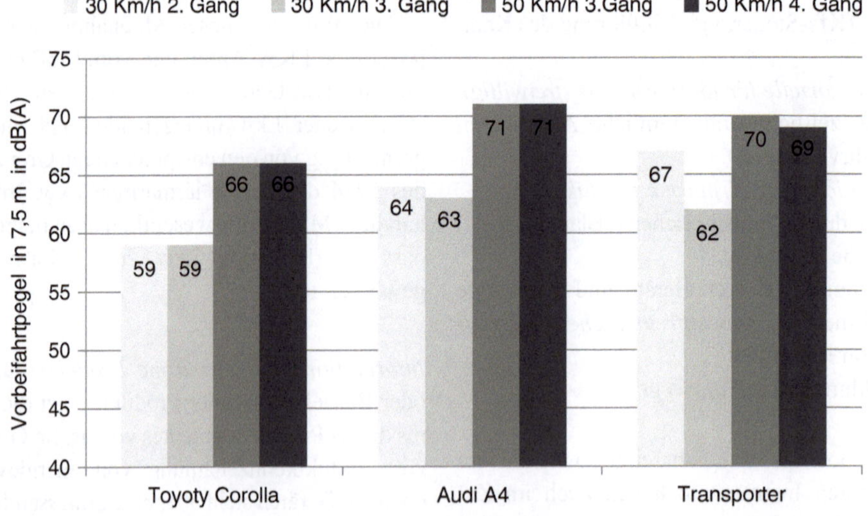

Abb. 6 Vorbeifahrtpegel in 7,5 m Abstand für Tempo 30 und Tempo 50 bei unterschiedlicher Gangwahl und drei Kfz-Typen nach [63]

Kommunalfahrzeuge und Omnibusse" [64] z. B. setzt Geräuschemissionen voraus, die 3 dB(A) unter den aktuell gültigen Grenzwerten liegen.[25]

Gekennzeichnete lärmarme Produkte sollten im Rahmen der kommunalen Beschaffung bevorzugt werden. Hinweise auf diese Produkte sollten ebenfalls Teil der städtischen Öffentlichkeitsarbeit im Rahmen z. B. der Lärmaktionsplanung sein.

Bevorzugung leiserer Geräte und Fahrzeuge im Rahmen der umweltfreundlichen Beschaffung von

---

[25]Zurzeit gibt es allerdings keine Zeichennehmer. Das Fehlen von Zeichennehmern, hat dazu geführt, dass ein anderes verkehrsbezogenes Umweltzeichen (UZ 89 für lärmarme und kraftstoffsparende Kraftfahrzeugreifen) inzwischen eingestellt wurde.

Behörden Im Rahmen städtischer Konzepte zur Lärmminderung ist es wichtig, dass die Gemeindeverwaltungen selbst mit gutem Beispiel vorangehen. Ein Betätigungsfeld ist die Beschaffung von Geräten und Fahrzeugen für die städtischen Einrichtungen. Hier sollten die Gemeinden den Empfehlungen des Handbuches „Umweltfreundliche Beschaffung" folgen [65]. Das Handbuch schlägt z. B. vor, dass die Geräuschemissionen von Pkw 5 dB(A) unter den Grenzwerten der EU liegen sollten (S. 177). Es sollten bevorzugt lärmarme Kommunalfahrzeuge beschafft werden.

Ausbildung leiser Fahrwege Für Plätze, Straßen und Schienenwege, die in der kommunalen Zuständigkeit liegen, können die Gemeinden die Emissionen (Rollgeräusche von Kfz und Schienenfahrzeugen) direkt beeinflussen. Bei der Gestaltung von Decken von Fahrbahnen und Plätzen sind folgende Regeln zu beachten:

- Die Verwendung von *Pflaster* kann zu deutlichen Pegelerhöhungen führen (bis zu 10 dB (A)). Ab Fahrgeschwindigkeiten von 20 km/h sollte daher lärmarmes Pflaster eingesetzt werden. Es werden heute Betonsteinpflaster angeboten, die nicht lauter als Asphaltdecken sind. Sie sind durch relativ große Formate gekennzeichnet, sollten ohne Fase und möglichst eben sein, eine gewisse Mikrorauhigkeit haben und diagonale Fugenanteile haben. Über 50 km/h sollte auf Pflaster verzichtet werden.
- Innerortsstraßen mit höherem Geschwindigkeitsniveau (mehr als 70 km/h) sollten Decken aus feinkörnigem *offenporigem Asphalt* (DA = „Drainasphalt") bekommen, z. B. DA 0/8 (d. h. mit einem Größtkorndurchmesser nicht über 8 mm). Diese sind die zurzeit leisesten Decken; durch die Offenporigkeit wird der hochfrequente aerodynamische Anteil des Rollgeräusches, das so genannte „Airpumping" gemindert. Gegenüber Gussasphalt betragen die Minderungen anfangs bis zu 10 dB(A) und am Ende der Liegezeit (nach ca. 8 Jahren) noch 5 dB(A) [66]. Weitergehende Minderungen (bis zu zusätzlich 4 dB(A)) durch optimierte Drainasphalte erscheinen möglich [67]. Drain-

asphalte verlieren mit der Zeit ihre lärmmindernden Eigenschaften, da sich die Poren allmählich zusetzen. Sie müssen dann erneuert werden.

- Bedauerlicherweise hat sich das Konzept der bisher einlagigen offenporigen Deckschichten auf langsamer befahrenen Innerortsstraßen nicht bewährt, hier verstopfen die Poren relativ rasch. Deshalb werden zurzeit *doppelschichtige Drainasphalte* erprobt: In Ingolstadt betragen die Geräuschemissionsminderungen auf einem derartigen Belag bei einer zulässigen Höchstgeschwindigkeit von 50 km/h von Pkw nach insgesamt 8 Jahren Liegezeit noch 7,1 dB(A), für schwere Lkw sogar 11,5 dB (A) [68].

In Düsseldorf wurde ein *Lärmoptimierter Asphalt LOA 5 D* mit einem Größtkorn von 5 mm, einer Schichtdicke von 2,0 bis 2,5 cm und einer akustisch optimierten Oberfläche eingebaut. Dieser ist nicht teurer als ein klassischer Splittmastixasphalt. Die Messreihe (Nahfeldmessung) von 4/2007 bis 5/2011 ergab im Mittel für 5 Düsseldorfer Straßen bei Pkw eine Minderung gegenüber dem Referenzbelag der RLS-90 von 5,4 dB(A) [69].

Lärmarme Fahrweise

Aus Abb. 3 sind grundsätzlich die Potentiale einer lärmarmen Fahrweise ableitbar. Ihre Elemente sind im Einzelnen

- eine niedertourigen Fahrweise
- bei reduzierte Geschwindigkeit,
- dabei so früh wie möglich hochschalten, so spät wie möglich runterschalten
- und so sparsam wie möglich Beschleunigen und Bremsen

Das Minderungspotential einer niedertourigen Fahrweise ist bezogen auf eine mittlere Fahrweise beim Beschleunigen im Vorbeifahrtpegel etwa 6 dB(A).
Die Senkung der Geschwindigkeit z. B. von 50 km/h auf 30 km/h reduziert den Vorbeifahrtpe-

Tab. 5 Lärmminderung durch Geschwindigkeitsdämpfung

	Lärmminderungen für Pkw im Vergleich zum Vorher-Zustand (Tempo 50) in dB(A)	
	Geräuschemission (Vorbeifahrtpegel)	Geräuschbelastung (Mittelungspegel)
Verkehrsberuhigter Bereich (Schrittgeschwindigkeit)	bis 6	bis 4
Tempo-30-Zone	bis 5	bis 3
Geschwindigkeitsdämpfung an Hauptverkehrsstraßen (Einhaltung Tempo 50)	bis 5	–

gel um 5 bis 8 dB(A), je nachdem ob gleichzeitig in einen niedrigeren Gang geschaltet wird oder nicht. Die Minderung des Mittelungspegels ist jeweils 2 dB(A) niedriger.

In der Praxis ist die Wirksamkeit geringer, da sie bei Geschwindigkeitsbeschränkungen vom Befolgungsgrad abhängt. So bewirkt nach der RLS-90 eine Senkung der zulässigen Geschwindigkeit von 50 km/h auf 30 km/h den Mittelungspegel nur um 2 bis 3 dB(A). Die Einführung von Tempo 30 sollte deshalb in der Regel durch geschwindigkeitsdämpfende Umgestaltung des Straßenraums und zusätzliche straßenverkehrsrechtliche Regelungen wie Rechts-vor-Links unterstützt werden. Die baulichen, verkehrsrechtlichen und öffentlichkeitswirksamen Maßnahmen sind unter der Bezeichnung „Verkehrsberuhigung" in die kommunale Verkehrspolitik eingegangen, sie wurden am intensivsten in dem Modellvorhaben „Flächenhafte Verkehrsberuhigung" erprobt und untersucht [14]. Danach ergeben sich die in der Tab. 5 angegebenen Minderungen durch Geschwindigkeitsdämpfung.

In [70] werden die baulichen Elemente zur Geschwindigkeitsdämpfung vorgestellt und bewertet.

Moderne Pkw zeichnen sich durch relativ niedrige Antriebsgeräusche aus, womit das Rollgeräusch an Bedeutung gewinnt und die Reduktion der Geschwindigkeit eine höhere Pegelminderung bewirkt. Abb. 4 zeigt das entsprechende Minderungspotenzial bei Einhaltung der Geschwindigkeit.

Nach Abb. 6 führt Tempo 30 bei vollständigem Befolgungsgrad zu einer Minderung der Pkw-Vorbeifahrtpegel zwischen 7 und 8 dB (A), die entsprechenden Minderungen des Mit-

telungspegels betragen 5 bis 6 dB(A) und liegen damit deutlich über den bisherigen Ansätzen (in der RLS 90 zwischen 2,2 und 2,7 B(A)).

Im Rahmen der Lärmaktionsplanung haben einige Städte wie Berlin Tempo-30-Regelungen auch auf ihren hoch belasteten *Hauptverkehrsstraßen* eingeführt (siehe Abb. 7). Hier hat dann die Verringerung gesundheitlicher Risiken durch Lärm Vorrang vor den Bedürfnissen des Verkehrs bekommen.

5.3 Maßnahmen auf dem Ausbreitungsweg

Dieser Maßnahmentyp umfasst im Wesentlichen vier Elemente:

- die Vergrößerung des Abstandes zwischen Quelle und Empfänger, wozu auch die räumlicher Verlagerung von Verkehrsströmen gehört,
- die Abschirmung der Quelle durch bauliche Maßnahmen
- die Erhöhung der Schalldämpfung im Ausbreitungsraum
- und die Verhinderung von Reflexionen, insbesondere auf die quellenabgewandten Fassaden.

Lärmminderung durch Abstandsvergrößerung

Bekanntlich wird der Schalldruckpegel auf dem Ausbreitungsweg durch Vergrößerung der Hüllfläche der Wellenfront gemindert („geometrische" Pegeländerung). Für Punktquellen beträgt die

Abb. 7 Tempo 30 nachts
auf Berliner
Hauptverkehrsstraße

ideale Abnahme 6 dB(A), für Linienquellen 3 dB (A) pro Abstandsverdopplung. Der Schalldruckpegel wird zusätzlich durch Luftabsorption gemindert. Die Maßnahme wird vor allem in der Zuordnung von Emittenten und sensibler Nutzung nach § 50 BImSchG und in der Bauleitplanung umgesetzt. Dabei sollten die Emittenten möglichst zusammengefasst werden (Hauptverkehrsstraßen mit hohem Lkw-Anteil sollten vorzugsweise durch Gewerbegebiete geführt werden) und die Nachbarschaft von Baunutzungen nach dem Grad der Emissionen oder Empfindlichkeiten abgestuft werden.

In innerstädtischen Gebieten ist der Einsatz dieser Maßnahme aus Platzgründen im Allgemeinen nur als Verlagerung von Verkehrsströmen umsetzbar. So wird vielfach die *Bündelung* von Verkehrsströmen auf hochbelasteten Trassen propagiert, weil einer deutlichen Entlastung in den Nebenstraßen nur geringe Zunahmen auf den Bündelungstrassen entsprechen.[26] Eine solche Vorgehensweise erschwert allerdings gerade die aus Gründen des Gesundheitsschutzes notwendige Lärmminderung an hochbelasteten innerstädtischen Verkehrswegen. Bündelungen sollten deshalb nur auf Verkehrswegen ohne sensible Randnutzung oder im Verbund mit Minderungsmaßnahmen durchgeführt werden.

Auch der Bau von Ortsumgehungen zur Entlastung von Ortsdurchfahrten gehört zu diesem Maßnahmentyp. Hier sind die Entlastungen an der Ortsdurchfahrt mit den neuen Belastungen an der Umgehungsstraße abzuwägen. Verbindliche Verfahren dafür gibt es nicht, empfohlen wird der Vergleich der wesentlich Gestörten für die verschiedenen Planungsfälle.[27]

Abschirmungen

Gewerbliche Quellen können durch Kapselungen und Einhausungen, Verkehrswege durch Bauten, Lärmschutzwände und -wälle, Tunnel oder durch geometrische Querschnittsgestaltung

---

[26]Wird von einer Nebenstraße mit einer Verkehrsmenge von 6000 Kfz/Tag 50 % auf eine Hauptverkehrsstraße mit 60.000 Kfz/Tag verlagert, so beträgt die Entlastung in der Nebenstraße durchschnittlich 3 dB(A), die Zusatzbelastung in der Hauptverkehrsstraße dagegen 0,2 dB(A).

[27]Die Zahl wesentlich Gestörter kann z. B. nach der VDI-Richtlinie 3722 „Wirkungen von Verkehrsgeräuschen" bestimmt werden, wenn die Geräuschbelastungen der Anwohner bekannt sind.

(Lage im Einschnitt usw.) abgeschirmt werden. Die Wirkung von Abschirmungen an Verkehrswegen kann mit der RLS-90 bzw. der Schall 03 berechnet werden. Dem Einsatz von Wällen und Wänden sind ebenfalls innerstädtisch Grenzen gesetzt.[28]

Insbesondere durch die geschlossenen Abschirmungen lassen sich hohe Pegelminderungen erreichen, sie sind in der Regel aber auch besonders kostspielig. Eine besondere Form des Tunnels ist die platzsparende Überbauung von Verkehrswegen, wie z. B. die Autobahnüberbauung in Berlin an der Schlangenbader Straße.

Erhöhung der Schalldämpfung im Ausbreitungsraum

Die Verwendung absorbierender Auskleidungen oder Elemente im Ausbreitungsraum kann zur Lärmminderung beitragen. Wichtigster Anwendungsbereich ist die Verkleidung von Lärmschutzwänden mit (hoch) absorbierenden Materialien, um Reflexionen zu vermindern. Straßenbahnen können als so genanntes Rasengleis ausgebildet werden. Im Allgemeinen liegt aber die subjektiv empfundene Wirkung von absorbierenden Elementen wie z. B. Pflanzenbewuchs über ihren akustischen Effekten.

Vermeidung von Reflexionen

Bei der Planung offener Bauweisen ist darauf zu achten, dass quellenabgewandte Fassaden nicht durch Schall belastet werden, der von anderen Baukörpern reflektiert wird, da dies zu deutlichen Pegelerhöhungen führen kann.

5.4   Maßnahmen am Immissionsort

Diese Maßnahmen umfassen

- den eigentlichen baulichen Schallschutz durch Verbesserung der Gebäudedämmung,
- die Orientierung der Nutzungen innerhalb der Wohngebäude

- und die abschirmende Ausbildung oder Nutzung von Gebäudeteilen.

Der bauliche Schallschutz hat auch die Aufgabe, gegen Quellen im eigenen Haus zu schützen, wie z. B. den Geräuschen der Nachbarn oder von haustechnischen Anlagen.

Auf die Grenzen des baulichen Schallschutzes wurde bereits hingewiesen: der Außenwohnraum bleibt ungeschützt. Schallschutzfenster als vorrangiger Typ des baulichen Schallschutzes gegen Außengeräusche sind allerdings von hoher Wirksamkeit bei geringen Kosten. Sie werden deshalb auch beim Verkehrswegeneubau nach der Verkehrslärmschutzverordnung [24] wie auch bei der Lärmsanierung eingesetzt.

Die Dimensionierung des baulichen Schallschutzes an neu gebauten oder wesentlich geänderten Verkehrswegen hat nach [30] zu erfolgen, Hinweise für die Mindestanforderungen des baulichen Schallschutzes gegen Quellen innerhalb und außerhalb von Gebäuden gibt die DIN 4109, Schallschutz im Hochbau. Sie wird ergänzt durch die VDI-Richtlinie 4100 Schallschutz von Wohnungen, die verbesserte Schallschutzstufen definiert (siehe auch [29]).

Lärmschutz durch Orientierung der Nutzungen [71] innerhalb von Wohngebäuden hat insbesondere zum Ziel, sensiblere Nutzungen wie Schlaf- und Wohnräume den quellenabgewandten Fassaden zuzuordnen. So lassen sich z. B. durch geschlossene Blockrandbebauung, wie in Gründerzeitbauten Innenhöfe mit Immissionspegeln schaffen, die auch an hochbelasteten Straßen ein fast ungestörtes Schlafen ermöglichen (Minderungen von 30 bis 35 dB(A)).

---

[28]Hier ist eher eine Abschirmung durch Gebäude sinnvoll, z. B. durch solche gewerblicher Nutzung.

Literatur

1. Richtlinie des Europäischen Parlaments und des Rates über die Bewertung und die Bekämpfung von Umgebungslärm vom 25. Juni 2002 (AB der EG, L 189/12 vom 18.7.2002). http://eur-lex.europa.eu/LexUriServ/ LexUriServ.do?uri=OJ:L:2002:189:0012:0025:DE:PDF (2002). Zugegriffen am 27.11.2014
2. Destatis, WZB: Datenreport 2013 – Ein Sozialbericht für die Bundesrepublik Deutschland. https://www. destatis.de/DE/Publikationen/Datenreport/Downloads/

Datenreport2013.pdf?__blob=publicationFile (2013). Zugegriffen am 27.11.2014

3. Bundes-Immissionsschutzgesetz: Gesetz zum Schutz vor schädlichen Umwelteinwirkungen durch Luftverunreinigungen, Geräusche, Erschütterungen und ähnliche Vorgänge (BImSchG) (1974) in der Fassung der Bekanntmachung vom 17. Mai 2013, Bundesgesetzblatt Jahrgang 2013 Teil I Nr. 25, S. 1275–1311 BGBl. I S. 880 (1974)

4. Vierunddreißigste Verordnung zur Durchführung des Bundes-Immissionsschutzgesetzes vom 06. März 2006 (Verordnung über die Lärmkartierung) BGBl. I Nr. 12, S. 516. http://www.gesetze-im-internet.de/bundesrecht/ bimschv_34/gesamt.pdf (2006). Zugegriffen am 27.11.2014

5. Vorläufige Berechnungsmethode für den Umgebungslärm an Schienenwegen (VBUSch) Bundesanzeiger Nr. 154a vom 17.08.2006. http://www.bmub.bund.de/ fileadmin/bmu-import/files/pdfs/allgemein/application/ pdf/bundesanzeiger_154a.pdf (2006). Zugegriffen am 27.11.2014

6. Vorläufige Berechnungsmethode für den Umgebungslärm an Straßen (VBUS) Bundesanzeiger Nr. 154a vom 17.08.2006. http://www.bmub.bund.de/filead min/bmu-import/files/pdfs/allgemein/application/pdf/ bundesanzeiger_154a.pdf (2006). Zugegriffen am 27.11.2014

7. Vorläufige Berechnungsmethode für den Umgebungslärm durch Industrie und Gewerbe (VBUI) Bundesanzeiger Nr. 154a vom 17.08.2006. http://www.bmub. bund.de/fileadmin/bmu-import/files/pdfs/allgemein/app lication/pdf/bundesanzeiger_154a.pdf (2006). Zugegriffen am 27.11.2014

8. Vorläufige Berechnungsmethode für den Umgebungslärm an Flugplätzen (VBUF) Bundesanzeiger Nr. 154a vom 17.08.2006. http://www.bmub.bund.de/fileadmin/ bmu-import/files/pdfs/allgemein/application/pdf/bun desanzeiger_154a.pdf (2006). Zugegriffen am 27.11.2014

9. Bundesministerium für Umwelt, Naturschutz und Reaktorsicherheit, Umweltbundesamt: Umweltbewusstsein in Deutschland 2012 Berlin, Marburg. http://www. umweltbundesamt.de/sites/default/files/medien/publika tion/long/4396.pdf (2013). Zugegriffen am 27.11.2014

10. Umweltbundesamt: Jahresbericht 1999. Berlin (2000)

11. Wende, H., Ortscheid, J., Kötz, W. D., Jäcker-Cüppers, M., Penn-Bressel, G.: Schritte zur Reduzierung gesundheitlicher Beeinträchtigungen durch Straßenverkehr in: Bundesministerium für Umwelt, Naturschutz und Reaktorsicherheit Gesundheitsrisiken durch Lärm. Tagungsband zum Symposium, Bonn (1998)

12. Sechste Allgemeine Verwaltungsvorschrift zum Bundes-Immissionsschutzgesetz Technische Anleitung zum Schutz gegen Lärm – TA Lärm vom 26. August 1998 Gemeinsames Ministerialblatt 49. Jahrgang, Nr. 26, 503–515 (1998)

13. Ising, H., et al.: Risikoerhöhung für Herzinfarkt durch chronischen Lärmstreß. Zeitschrift für Lärmbekämpfung 44, 1–7 (1997)

14. Babisch, W.: Transportation noise and cardiovascular risk. WaBoLu-Hefte 01/06, 2006. http://www.umwelt bundesamt.de/publikationen/transportation-noise-car diovascular-risk (2006). Zugegriffen am 27.11.2014

15. LTA Academy: Passenger transport mode shares in world cities journeys. http://app.lta.gov.sg/ltaaca demy/doc/J11Nov-p60PassengerTransportModeSha res.pdf (2011). Zugegriffen am 27.11.2014

16. Köln, S.: Das Wanderungsgeschehen in Köln. http:// komwob.werkbank.com/site/komwob/erfahrungsausta usch/teilnehmer/koeln/das-wanderungsgeschehen-in-koeln-2003/Wanderungsgeschehen.pdf/at_download/file (2003). Zugegriffen am 27.11.2014

17. Giering, K.: Monetäre Bewertung des Straßenverkehrslärms für Deutschland. Lärmbekämpfung 4(5), 200–203 (2009)

18. Umweltbundesamt: Lärmbekämpfung, 88 Erich-Schmidt-Verlag, Berlin (1989)

19. WHO: Executive summary of the guidelines for community noise, Genf (1999)

20. WHO Europe: Night noise guidelines for Europe. http://www.euro.who.int/__data/assets/pdf_file/0017/433 16/E92845.pdf (2009). Zugegriffen am 27.11.2014

21. Der Rat von Sachverständigen für Umweltfragen: Sondergutachten 1999 „Umwelt und Gesundheit" (1999)

22. Bundesminister für Verkehr: Richtlinien für den Lärmschutz an Straßen; Ausgabe 1990 (RLS-90) (1990)

23. Deutsche Bundesbahn – Bundesbahn-Zentralamt: Information Akustik 03 Richtlinie zur Berechnung der Schallimmissionen von Schienenwegen – Schall 03 – Ausgabe 1990 (1990)

24. Sechzehnte Verordnung zur Durchführung des Bundes-Immissionsschutzgesetzes (Verkehrslärmschutzverordnung – 16. BImSchV) vom 12. Juni 1990. BGBl. I S. 1036 (1990)

25. BMVI: Lärmschutz im Schienenverkehr. Alles über Schallpegel, innovative Technik und Lärmschutz an der Quelle. http://www.bmvi.de/SharedDocs/DE/Publi kationen/VerkehrUndMobilitaet/Schiene/laermschutz-im-schienenverkehr-broschuere.pdf?__blob=publicationFile (2013). Zugegriffen am 27.11.2014

26. Verordnung über die bauliche Nutzung der Grundstücke: (Baunutzungsverordnung BauNVO) BGBl. I S. 132 (1990)

27. Kemper, G., Steven, H.: Geräuschemissionen von Personenwagen bei Tempo 30. Zeitschrift für Lärmbekämpfung 31, 36–44 (1984)

28. Raumordnungsgesetz vom 22. Dezember 2008 (BGBl. I S. 2986), zuletzt geändert durch Artikel 9 des Gesetzes vom 31. Juli 2009 (BGBl. I S. 2585) (2008)

29. Kötz, W. D.: Vorbeugender Schallschutz im Wohnungsbau. Bundesbaublatt 12, 42–45 (2000)

30. Vierundzwanzigste Verordnung zur Durchführung des Bundes-Immissionsschutzgesetzes (Verkehrswege-Schallschutzmaßnahmenverordnung 24. BImSchV) vom 04.02.1997 BGBl. I S. 172 (1997)

31. Baugesetzbuch (BauGB): In der Fassung der Bekanntmachung vom 23. September 2004 (zuletzt durch Arti-

kel 1 des Gesetzes vom 15. Juli 2014 (BGBl. I S. 954) geändert) BGBl. I S. 2414 (1960)

32. Beiblatt 1 zur DIN 18005 Teil 1: Schallschutz im Städtebau; Berechnungsverfahren; Schalltechnische Orientierungswerte für die städtebauliche Planung (1987)

33. Bönnighausen, G.: Die Berücksichtigung des Lärms in der Bauleitplanung – Aufstellungsgrundsätze für Bebauungspläne in: Lärmkontor GmbH Informations- und Beratungssystem Lärm (INFOSYS) 1997 (CD-Rom) (1995)

34. Apel, D., Lehmbrock, M., Pharoa, T., Thiemann-Linden, J.: Kompakt, mobil, urban Stadtentwicklungskonzepte zur Verkehrsvermeidung im internationalen Vergleich DIFU Beiträge zur Stadtforschung 24 Deutsches Institut für Urbanistik (1997)

35. Bundesminister für Verkehr, Bau- und Stadtentwicklung: Richtlinien für straßenverkehrsrechtliche Maßnahmen zum Schutz der Bevölkerung vor Lärm (Lärmschutz-Richtlinien-StV) vom 23.11.2007 Verkehrsblatt, Amtlicher Teil, 24–2007, S. 767–771. http://www.guestrow.de/fileadmin/downloads/nachrichten/Informationsberichte_Buergermeister/Infobericht_06_12_2012_-_Anlage_Laermschutz-Richtlinie-StV.pdf (2007). Zugegriffen am 27.11.2014

36. Richtlinie 70/157/EWG des Rates vom 6. Februar 1970 zur Angleichung der Rechtsvorschriften der Mitgliedstaaten über den zulässigen Geräuschpegel und die Auspuffvorrichtung von Kraftfahrzeugen (1970)

37. Verordnung (EU) Nr. 540/2014 des Europäischen Parlaments und des Rates vom 16. April 2014 über den Geräuschpegel von Kraftfahrzeugen und von Austauschschalldämpferanlagen sowie zur Änderung der Richtlinie 2007/46/EG und zur Aufhebung der Richtlinie 70/157/EWG Amtsblatt der Europäischen Union, L 158/131 vom 27.05.2014. http://eur-lex.europa.eu/legal-content/DE/TXT/PDF/?uri=CELEX:32014R0540&from=EN (2014). Zugegriffen am 27.11.2014

38. Richtlinie 97/24/EG des Europäischen Parlaments und des Rates vom 17. Juni 1997 über bestimmte Bauteile und Merkmale von zweirädrigen oder dreirädrigen Kraftfahrzeugen. Amtsblatt der EU vom 18.08.1997. http://eur-lex.europa.eu/legal-content/DE/TXT/PDF/?uri=CELEX:31997L0024&qid=1416754501049&from=DE (1997). Zugegriffen am 27.11.2014

39. Richtlinie 2001/43/EG des Europäischen Parlaments und des Rates vom 27. Juni 2001 zur Änderung der Richtlinie 92/23/EWG des Rates über Reifen von Kraftfahrzeugen und Kraftfahrzeuganhängern und über ihre Montage Amtsblatt L 211 vom 08.04.2001 (2001)

40. Verordnung (EG) 661/2009 des Europäischen Parlaments und des Rates vom 13.07.2009 über die Typgenehmigung von Kraftfahrzeugen, Kraftfahrzeuganhängern, und von Systemen. Bauteilen und selbständigen technischen Einheiten für diese Fahrzeuge hinsichtlich ihrer Sicherheit Amtsblatt der Europäischen Union, L 200/1 vom 31.7.2009. http://eur-lex.europa.eu/LexUriServ/LexUriServ.do?uri=OJ:L:2009:200:0001:0024:DE:PDF (2009). Zugegriffen am 27.11.2014

41. Richtlinie 2000/14/EG des Europäischen Parlaments und des Rates vom 8. Mai 2000 zur Angleichung der Rechtsvorschriften der Mitgliedstaaten über umweltbelastende Geräuschemissionen von zur Verwendung im Freien vorgesehenen Geräten und Maschinen Amtsblatt L 162 vom 3. Juli 2000 (2000)

42. Entscheidung der Kommission 2002/735/EG vom 30. Mai 2002 über die technische Spezifikation für die Interoperabilität des Teilsystems „Fahrzeuge" des transeuropäischen Hochgeschwindigkeitsbahnsystems gemäß Artikel 6 Absatz 1 der Richtlinie 96/48/EG Amtsblatt der Europäischen Gemeinschaften L245/402ff vom 12.09.2002. http://eur-lex.europa.eu/LexUriServ/LexUriServ.do?uri=OJ:L:2002:245:0037:0142:EN:PDF (2002). Zugegriffen am 27.11.2014

43. Entscheidung der Kommission 2006/66/EG vom 23. Dezember 2005 über die technische Spezifikation für die Interoperabilität (TSI) zum Teilsystems „Fahrzeuge-Lärm" des konventionellen transeuropäischen Bahnsystems Amtsblatt der Europäischen Gemeinschaften L37/1ff vom 08.02.2006. http://eur-lex.europa.eu/LexUriServ/LexUriServ.do?uri=OJ:L:2006:037:0001:01:DE:PDF (2006). Zugegriffen am 27.11.2014

44. Der Rat von Sachverständigen für Umweltfragen: Umweltgutachten 1994 – Für eine dauerhaft-umweltgerechte Entwicklung (1994)

45. BMV: Verkehr in Zahlen 1991, S. 308 (1991)

46. Umweltbundesamt: Daten zum Verkehr 2012, S. 20 (2012)

47. Prehn, M., Schwedt, B., Steger, U.: Verkehrsvermeidung – aber wie? Verlag Paul Haupt, Bern/Stuttgart/Wien (1977)

48. Basel-Stadt et al.: Städtevergleich Mobilität Vergleichende Betrachtung der Städte Basel, Bern, Luzern, St. Gallen, Winterthur und Zürich. http://www.mobilitaet.bs.ch/staedtevergleich_mobilitaet_2012.pdf (2012). Zugegriffen am 27.11.2014

49. Stadt Münster: Verkehrsverhalten und Verkehrsmittelwahl der Münsteraner. Ergebnisse einer Haushaltsbefragung im November 2007. http://www.muenster.de/stadt/stadtplanung/pdf/verkehrsverhalten_befragung2007%281%29.pdf (2008). Zugegriffen am 27.11.2014

50. European Platform on Mobility Management EPOMM The EPOMM Modal Split Tool TEMS. http://www.epomm.eu/tems/index.phtml. (2014). Zugegriffen am 27.11.2014

51. R + T: Verkehrsentwicklungsplan Freiburg 2020 – Bericht Bestandsanalyse 1999. http://www.freiburg.de/pb/site/Freiburg/get/documents/freiburg/daten/verkehr/vep/VEP%20Analysebericht.pdf (2002). Zugegriffen am 27.11.2014

52. Ahrens, G.A.: Sonderauswertung zur Verkehrserhebung, „Mobilität in Städten SrV 2008" Städtevergleich. http://tu-dresden.de/die_tu_dresden/fakultaeten/vkw/ivs/srv/dateien/staedtevergleich_srv2008.pdf (2010). Zugegriffen am 27.11.2014

53. Koppen, G.-F.: Verkehrs- und Mobilitätskonzept der Landeshauptstadt München ALD-Workshop „Laute Straßen – leise Politik?", München, 16.10.2013. http://www.ald-laerm.de/downloads/veranstaltungen-de

s-ald/03_Koppen_LauteStrasen-leisePolitik.pdf (2013). Zugegriffen am 27.11.2014

54. INFAS, DLR: Mobilität in Deutschland 2008. Ergebnisbericht Struktur – Aufkommen – Emissionen – Trends. http://www.mobilitaet-in-deutschland.de/pdf/MiD2008_Abschlussbericht_I.pdf (2010). Zugegriffen am 27.11.2014

55. Bundesamt für Energie: Evaluation Car-Sharing, S. 40. http://www.carsharing.de/images/stories/pdf_dateien/evaluation_carsharing_2006_schweiz.pdf (2006). Zugegriffen am 27.11.2014

56. Baum, H., Pesch, S.: Untersuchung der Eignung von Car-Sharing im Hinblick auf Reduzierung von Stadtverkehrsproblemen. Bericht im Auftrag des Bundesministeriums für Verkehr: (1994)

57. Umweltbundesamt: E-Rad macht mobil – Potenziale von Pedelecs und deren Umweltwirkung. Hintergrund August 2014. http://www.umweltbundesamt.de/sites/default/files/medien/376/publikationen/hgp_e-rad_macht_mobil_-_pelelecs.pdf (2014). Zugegriffen am 27.11.2014

58. Abraham, M., et al.: Pendelmobilität in Erlangen Ergebnisse der Mitarbeiterbefragung zur Pendelmobilität. http://www.erlangen.de/Portaldata/1/Resources/030_leben_in_er/dokumente/amt61/613_verkehrsplanung/613_t_Praesentation-Pendelmobilitaet.pdf (2013). Zugegriffen am 27.11.2014

59. Landeshauptstadt München: Fahrradverkehr in München Bicycle traffic in Munich. 3. überarbeitete Aufl. 2011. http://www.radlhauptstadt.muenchen.de/fileadmin/Redaktion/PDF/Radl_Brosch_2010.pdf (2013). Zugegriffen am 27.11.2014

60. Verkehrsclub Deutschland: Bus, Bahn und Pkw im Umweltvergleich Bonn 2001 (2001)

61. Jäcker, M., Rogall, H.: Benutzervorteile für lärmarme Lastkraftwagen – das Heidelberger Modell. Zeitschrift für Lärmbekämpfung **40**, 161–168 (1993)

62. Verordnung Nr. 1222/2009 des Europäischen Parlaments und des Rates vom 25. November 2009 über die Kennzeichnung von Reifen in Bezug auf die Kraftstoffeffizienz und andere wesentliche Parameter. http://eur-lex.europa.eu/legal-content/DE/TXT/PDF/?uri=CELEX:32009R1222&from=DE (2009). Zugegriffen am 27.11.2014

63. Fachhochschule Jena: Vergleichende messtechnische Untersuchungen zum Einfluss einer nächtlichen Geschwindigkeitsbegrenzung von 50 km/h auf 30 km/h auf die Lärmimmissionen durch den Straßenverkehr. http://www.jena.de/fm/41/Bericht_Tempo_30_W03_101111.pdf (2010). Zugegriffen am 27.11.2014

64. RAL gGmbH: Lärmarme und schadstoffarme Kommunalfahrzeuge und Omnibusse RAL-UZ 59. Ausgabe April 2014. https://www.blauer-engel.de/produktwelt/gewerbe/l-rmarme-und-schadstoffarme-kommunalfahrzeuge-und-omnibusse-ausgabe-april-2014 (2014). Zugegriffen am 27.11.2014

65. Umweltbundesamt (Hrsg.): Handbuch Umweltfreundliche Beschaffung. 4. Aufl. Verlag Franz Vahlen, München 1999 (1999)

66. UBA: Lärmmindernde Fahrbahnbeläge -Ein Überblick über den Stand der Technik. Aktualisierte Überarbeitung. http://www.umweltbundesamt.de/sites/default/files/medien/378/publikationen/texte_20_2014_laermmindernde_fahrbahnbelaege_barrierefrei.pdf (2014). Zugegriffen am 27.11.2014

67. Ullrich, S.: Noise reduction potential of motorway pavements. International Workshop Further Noise Reduction for Motorised Road Vehicles, Umweltbundesamt 17./18.09.2001 (2001)

68. Bayerisches Landesamt für Umwelt: Schallpegelmessungen 2013 an der Westlichen Ringstraße in Ingolstadt nach dem Einbau eines zweischichtigen offenporigen Asphalts. http://www.lfu.bayern.de/laerm/messwerte/doc/messbericht_2opa_ingolstadt_13.pdf (2013). Zugegriffen am 27.11.2014

69. RUHR-UNIVERSITÄT BOCHUM: Hinweise zur Umsetzung (Stand: 13. Dezember 2012). Lärmoptimierter Asphaltdeckschichten für den kommunalen Straßenbau (2012)

70. Richard, J., Steven, H.: Planungsempfehlungen für eine umweltentlastende Verkehrsberuhigung Minderung von Lärm- und Schadstoffemissionen an Wohn- und Verkehrsstraßen UBA-Texte 52/2000. Berlin 2000 (2000)

71. Sonntag, H.: Verkehrslärmschutz durch Gebäudeplanung in: P. Klippel u. a. Straßenverkehrslärm- Immissionsermittlung und Planung von Schallschutz expert verlag Grafenau 1984 (1984)

72. Arbeitsring Lärm der DEGA (Hrsg.): Straßenverkehrslärm – Eine Hilfestellung für Betroffene, ALD-Schriftenreihe Band 1/2010 (2010)

73. Bundesministerium für Raumordnung, Bauwesen und Städtebau (Hrsg.) (1992) Bundesministerium für Verkehr (Hrsg.) Bundesministerium für Umwelt, Naturschutz und Reaktorsicherheit (Hrsg.) Forschungsvorhaben Flächenhafte Verkehrsberuhigung Folgerungen für die Praxis, 2. Aufl. Bonn, September 1992 (1992)

74. BMVBW: Nationaler Radverkehrsplan 2002–2012. http://edoc.difu.de/edoc.php?id=QJRZW2LT (2002). Zugegriffen am 27.11.2014

75. DIN 18005: Schallschutz im Städtebau; Teil 1 Grundlagen und Hinweise für die Planung (2002)

76. Europäische Kommission: Umweltorientierte Beschaffung. Ein Handbuch für ein umweltorientiertes öffentliches Beschaffungswesen. Zweite Ausgabe. Europäische Union 2011. http://ec.europa.eu/environment/gpp/pdf/handbook_de.pdf (2011). Zugegriffen am 27.11.2014

77. Jäcker-Cüppers, M.: Städtebaulicher Schallschutz. In: Müller G, Möser M. (Hrsg.) Taschenbuch der technischen Akustik, 3. Aufl. 2004. Berlin, Heidelberg, New York (2004)

78. Landeshauptstadt München „Raus aus der Stadt?“, Januar 2002. http://www.muenchen.de/cms/prod2/mde/_de/rubriken/Rathaus/75_plan/02_projekte/s_u_wanderung/pdf/wmu.pdf (2002). Zugegriffen am 27.11.2014

79. Ministerium für Verkehr und Infrastruktur des Landes Baden-Württemberg: Städtebauliche Lärmfibel – Hinweise für die Bauleitplanung. Stuttgart 2013. https://mvi.baden-wuerttemberg.de/fileadmin/redaktion/m-mvi/intern/dateien/Broschueren/Staedtebauliche_Laermfibel.pdf (2013). Zugegriffen am 27.11.2014
80. Reiter, H.: Potential to shift goods transport from cars to bicycles in European cities. Februar 2014. http://cyclelogistics.eu/docs/111/CycleLogistics_Baseline_Study_external.pdf (2014). Zugegriffen am 27.11.2014
81. Sander, R.: Lärmoptimierte Asphaltbetone für Städte – LOA 5D. http://www.bv-elbtal.de/LOA5D_1.pdf (2010). Zugegriffen am 27.11.2014
82. Senatsverwaltung für Stadtentwicklung Berlin: Digitaler Umweltatlas Berlin. http://www.stadtentwicklung.berlin.de/umwelt/umweltatlas/ (2002). Zugegriffen am 27.11.2014
83. Verkehrsclub Deutschland: VCD-Projekt „Lasten auf Räder" (Laufzeit 04-2013 bis 12-2014). http://lastenrad.vcd.org/ueber-uns/ (2014). Zugegriffen am 27.11.2014